# 目錄

# 思考型組織

## 領導者的六大思考能力

經驗依賴 ✕ 認知局限 ✕ 一葉障目 ✕ 資訊悲劇 ✕ 變化恐懼 ✕ 懷疑猜想

—— 打破領導者的慣性思維病 ——

若我們依舊沉浸在過去的觀念與思路中
就無法解決因時代變化帶來的各種問題
更無法在快速變化的 21 世紀尋得機遇

薛旭亮 著

六大思考利器，打破領導者的慣性思維
在瞬息萬變的時代乘風破浪，帶領企業駛向更遠的遠方！

## 第 4 章
## 全局思考：不謀全局者，不足謀一域

## 第 5 章
## 深度思考：
## 運用理性和邏輯能力，做出正確周全的判斷和決定



## 第 6 章
## 動態思考：
## 擁抱改革，快速應付一切變化

# 前言

在激烈的市場競爭中，企業領導者解決問題和做出決策的速度是否比對手更快，更準確性是非常重要的能力。說到底，領導者的思考能力是打造創新型企業、讓企業處於不敗之地的關鍵能力之一。

「風雲萬變一瞬息」是當今時代的真實寫照，如果我們依舊沉浸在過去的觀念與思路之中，就無法解決因時代變化帶來的各種問題，無法抓住時代的脈搏，更無法在變化的時代之中尋得機遇。

在變化的時代，只有我們的思維「不斷奔跑」，才能與時代保持一致，適應多變的環境。而讓思維「奔跑」就需要進行一場思維革命，掃除一切僵化思維、打破慣性思維，促進獨立思考與深度思考，打造適應時代的思考模式。

在我與大家一起踏上這趟「思考之旅」之前，我希望大家先想一想，領導者應該具備什麼樣的思考能力？

一般而言，我們的大腦有兩種思考模式：一種是無意識的、即時的、帶有自覺性質的自動化反應，即「系統 1」思考；另一種是需要我們花費力氣、分析型的深層思考，即「系統 2」思考。

在大多數情況下，我們更習慣用「系統 1」來思考問題，因為它毫不費力。當我們處於一個熟悉的場景之中時，我們的直覺幾乎是無敵的，我們可以直接從過往的經驗之中提取出關鍵，從而快速且正確的解決問題。但是當解決問題所需要的思考超越了我們的直接經驗時，「系統 1」就並不可靠，而必須切換到「系統 2」。

「系統 2」的思考模式就是我們需要學習並培養的，也是打造領導者思考問題的的關鍵所在。以下四個提問便是「系統 2」思考的主要內容：

⇒發生了什麼？這個提問是在掌握問題整體的基礎上、整理篩選資訊而得到的。

⇒發生這種事的原因是什麼？這一提問是根據組成問題的各因素之間的因果關係，而提出的。

⇒我們應該怎樣做才能解決這個問題？這一提問的目的是：希望我們能夠做出選擇，解決問題。

⇒在未來可能還會發生什麼事情，出現何種問題？這是具有前瞻性的思考，透過更長遠的眼光，預測未來的潛在問題，並及時做好防範措施。

總而言之，領導者應該能夠打破固定思維，既擁有依靠直覺、簡單（系統 1）的思考能力，又擁有深層思考（系統 2）能力，如批判性思考、全局思考、深度思考的能力。

一名優秀的領導者，為了平衡好「系統 1」和「系統 2」，應當推行「理性思考程序」，這一程序允許大腦在合適的情況使用「系統 1」，並且確保在合適的時機引入「系統 2」。

那麼，到底該如何才能打造出推動管理創新的底層邏輯的思考能力呢？

「鐵杵成針」、「積水成流」、「聚沙成塔」，任何事件在經歷過積少成多，或者反覆訓練的過程之後，都會達到一定的質變。建構領導者思考能力也是如此，讓自己不斷的深入思考，最終會由量變引發質變，形成一個系統 1 與系統 2 有意識切換的模式。

每個人在自己的成長過程之中，都形成了自身獨特的思考習慣與思考方式，這使領導者在遇見問題時，會優先選擇自己的思考方式去思考、分析、解決問題。這就是「慣性思維病」。

本書在第一章點出常見的幾種「慣性思維病」，目的在於警醒各位企業領導者，了解到這些慣性思維「病」，並有意識的改變自己的思維。本文後面幾章內容，則是提供了幾種思考能力的培養方法，來幫助領導者打造思考型組織。其大致內容如下：

⇒第一種思考能力：獨立性思考，不盲目跟風，進行差異化思考。

⇒第二種思考能力：批判性思考，用辯證的眼光分析，進行多角度思考。

⇒第三種思考能力：全局性思考，從整體出發，了解問題的全貌，進行全面思考。

⇒第四種思考能力：深度性思考，洞察現象背後的原理及及結構，研究各利益相關者，利用因果思考。

⇒第五種思考能力：動態性思考，總結以往變化趨勢，預測未來變化形態，進行前瞻性思考。

⇒第六種思考能力：人性思考，實現人性管理，使組織內部上下同心，為組織創新出謀獻策，進行人性需求思考。

而這 6 種思考能力也是有邏輯結構的，如圖：

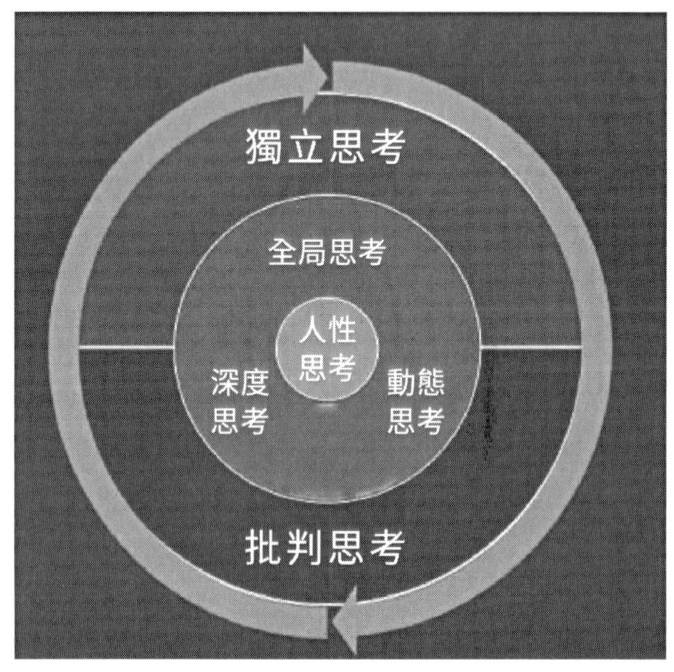

最外層的為第一層：獨立思考、批判思考，這兩種思考是打造思考型組織領導者思考能力的根基，對外不盲從，對內有反思。

第二層為：全局思考、深度思考、動態思考，這三種思考是打造思考型組織領導者思考能力的支柱，關心整條利益鏈的同時，洞察事物背後的動力機制，強化因果關聯的正向價值。

第三層為：人性思考，不管管理如何創新，都要明白一個簡單的管理法則，如果人的問題不解決，事情將永遠無法解決，最終思考型組織還是要關注人。

透過這六個思考利器，打破領導者的慣性思維，提升思考力，從而建構思考型組織中領導者應具備的思考能力。讓領導者在瞬息萬變的時代之中，乘風破浪，帶領企業駛向更遠的遠方。

本書最大的特色是將理論化的內容通俗易懂化，採取了深入淺出的方式，透過現身說法的方式將管理理論與鮮活案例系統結合，從而幫助思考型組織的領導者提高思考能力與思考層級。除此之外，本書採用理論與實際相結合的方式，使建構思考過程的每個理念的工具落地，並為企業提供提高思考層次的、可行性高的方法論。

本書是結合了與眾多領導者、專業經理人深度交談內容，與不斷實施驗證的經驗，是總結出的一套建構思考型組織的方法，將眾多領導者和專業經理人提供的案例和思路與情景訓練為一體，知識性與操作性並重，強化積極主動的「以對方為中心」意識，引導領導者、管理者發現自身在工作中的諸多盲點，快速激發潛能、提升組織整體素養。在此，再次感謝這些領導者與專業經理人的無私的幫助。

本書的目的是向各位領導者或者管理者提供一整套能夠幫你培養超強思考力、打造超常規系統化思維的理論和方法，從而將企業打造成一個思考型組織，促進企業的長遠發展。

假設人生是一盤棋，思考的工夫花在當下，其利必然收在千秋。有些領導者看似偶然的、突然的成功，也許只是透過過去數年思考達成的結果。用思考連接一切，透過思考推動管理創新、組織創新是未來最有價值的認知升級與自我精進的模式，是創造組織的核心競爭力。

# 第 1 章

## 先破後立：
## 領導者常見的 6 大「慣性思維病」

每個人都有自己的思考習慣，在面臨某種選擇時，會下意識的運用這種方式思考，而這很容易導致領導者患上「慣性思維病」。所謂「慣性思維病」，就是領導者常常根據已有的經驗，對未來進行預期和預測，做出行動。「慣性思維病」不利於創新。先破後立，領導者要先認識自己有哪些「慣性思維病」，然後突破傳統的思考壁壘，才能打造出全面的思考能力。偉大的創造與發現，都是從突破慣性思維開始的。

## 1.1

# 經驗依賴症：一味模仿，根據過往經驗做決定

**思考要點**

**領導者在「經驗依賴症」的慣性思維下，進行「效仿式行為」，會認為透過簡單的複製成功就會獲得成功，吸取經驗的同時沒有與市場實際結合，從而無法在過去的延長線上抓住企業發展的未來。這會出現經驗主義的錯誤，最終會慘淡收場。**

### ●【經驗依賴症案例 1】

A 品牌麥片的最高決策者為了實現其「南北通吃」的策略目標，將行銷副總之一的小宋派往南部的第一大城市。小宋根據在北部獲得勝利的成功經驗，對南部市場發起了全面進攻。

在擴大品牌知名度上，小宋依舊使用電視廣告、報紙、徵文等較為傳統的方式進行宣傳。

在擴大銷量上，小宋透過激勵經銷商獲得了北部的行銷勝利，他試圖複製北部成功的經驗，將經銷商放在提升銷量的主導地位，開辦經銷商會議，甚至還親自上門拜訪了幾位領頭的經銷商。

在銷售策略上，小宋幾乎使用了所有的成功方式，例如做

賣場陳列、現場試吃、歌舞表演、聯合大小超市捆綁銷售等。

這場耗時兩個月、耗資近 300 萬元的戰役最終慘淡收場。銷售管道偏離現實實際、捆綁銷售的告知不醒目、消費者覺得廣告不夠吸引人等，使其與「提升 300%」的目標相差甚遠。

A 品牌麥片的失敗歸根結柢就是犯了經驗主義的錯誤。只根據以往成功的經驗依樣畫葫蘆，而沒有從南部市場的實際出發，就算制定的策略十全十美，也很難實現成功。

每一個人在面臨問題時，都會下意識的去尋找參考方法，這樣的思考方式就是患了「經驗依賴症」，這種行為就是「效仿式行動」。看見有人成功的做成了某件事，就決定去效仿。這種效仿式行為就是經驗依賴症在行動上的表現，這會使領導者在做決定時直接套用其他的成功經驗，最終只能得到失敗的成果，畢竟成功是不能複製的。

### ●【經驗依賴症案例 2】

B 品牌汽車憑藉巴菲特（Buffett）的投資光環，打造了新能源汽車的概念，曾一度獲取了輝煌的榮耀。

但從 2010 年開始，B 品牌汽車的銷量一直呈現下跌趨勢，且沒有暫停趨勢。如今的汽車領域的核心競爭力是新技術，而 B 品牌汽車依舊將勞動力優勢視為競爭的核心因素，並沒有去轉變自身的思考方式與管理方式。儘管汽車產業的繁榮已經過去，企業內部存在資金緊缺的問題，B 品牌汽車依舊不改其擴張之心，想繼續憑藉巴菲特的光環與新能源汽車概念來打一個漂亮的「翻身仗」，實現下一階段的輝煌業績。

在擴張之路上，B 品牌汽車甚至拿下了政府的 12 個專案，總工程預算高達 1,000 億元。這樣的狀態幾乎停留在崩潰的邊緣，一著不慎將血本無歸。如果 B 品牌汽車的最高領導者不轉變其經營理念與思考方式，最終也會使 B 品牌汽車走向沒落，成為其他企業的前車之鑑。

從 B 品牌汽車的策略來看，其最高領導者空有野心，而不具備實現野心的思考方式。雖說「富貴險中求」，但一味的脫離實際制定策略，將會被市場淘汰，這也是經驗依賴症的一種表現。

好在 B 品牌汽車在經歷重創之後，迅速的調整策略目標，使銷售利潤很快得到提升。但據最新消息，B 品牌汽車最新款的車依舊沒有進行技術方面的升級，只是增加了新的設計理念，全方面提升車的顏值。就本質而言，依舊沒有打破慣性思維，沒有從根本之處思考其未來。

思考未來，需要立足於當下，否則就只是空中樓閣。

### ●【經驗依賴症弊端】沒有經驗的支撐，就無法解決問題

長期在這種思維的引導下去做事情，有很大弊端：

一、一旦沒有可供參考借鑑的成功的案例，在面對問題、困境時就只能是「貓吃烏龜，無從下嘴」了。例如，2010 年馬拉度納（Maradona）企圖在世界盃中透過簡單複製 1986 年的成功經驗，結果慘敗。

二、盲目跟風，不辨真假，不思現狀。例如，2020 年之初

新冠病毒疫情期間有家公司與另一家公司共享員工，當時有一位企業家就打電話給我，說要效仿這樣的作法，我當時就提醒他要考慮自己的員工被「共享」之後還能回來嗎？是否還有其他途徑解決企業、員工生存問題？

「經驗依賴症」對個人有著極大的弊端。如果領導者長期依賴經驗辦事，就會陷入僵化，不會靈活變通，最終會走下坡路。這樣的領導者往往會有這兩個方面的思考習慣：一是之前的做法成功了，這次運用同樣的方法也會成功。二是同產業都這樣成功了，我們也不能落後！

在生活中，我們通常可以看見一些非知名性的房地產公司，其策劃的活動都是「推動一些小遊戲 —— 參與人員拿獎品」的模式。

例如，中秋猜花燈送米和油，端午猜謎語，然後送米和油，外加粽子等。這樣的活動毫無新意，只是根據以往的經驗硬生生的套用，是為了辦活動而辦，在吸引潛在客戶、維護老客戶的關係等方面，用處不大。

在「經驗依賴症」思維的驅使下，每出現一個新的、並且有成功之例的商機後，就會有大量的企業立即進入該市場做同一種業務服務或產品，這時市場處於需求大於供給的狀態，企業可以獲取的利潤更多。

但市場在極短的時間內就會達到飽和狀態，進而出現「供大於求」的市場狀態，此時各企業之間就會開始低價拉鋸戰。

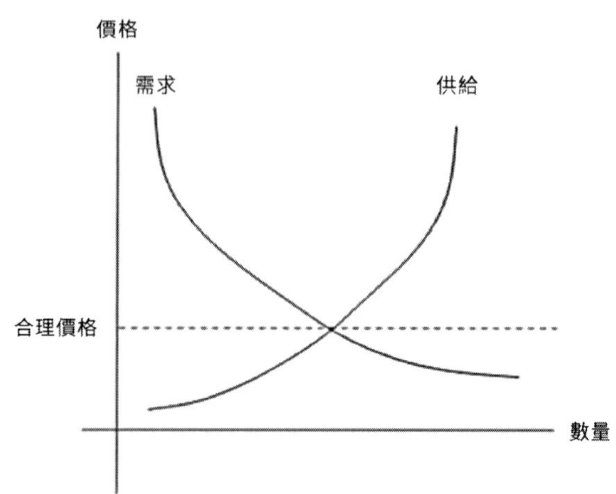

圖 1-1 供需關係曲線圖

在價格戰役之中，各企業之間的競爭也會達到白熱化的階段，這一階段對於已經進駐市場的企業來說，不管是退出市場，還是繼續競爭都會有極大的損失。各個企業只能扛著壓力繼續競爭，做最後的贏家才有一線生機。在這種大環境下，大部分企業、創業者都是血本無歸，甚至是負債累累。

領導者應該明白這樣一個道理：環境、市場、內外部政策等都是促使企業成功的因素，但時代在不斷發展，這些因素也在發生變化。不斷套用成功的方法與經驗並不是萬全之策。

日本創新思維第一人 —— 日比野省三也提出了「變化摧毀了可資依賴的先例」的觀點，即企業依照的參照物已經變得陳舊，成為了無用之物。領導者要明確判斷自身是否具有經驗依賴症，從而及時的改變自己的認知。

## ●【症狀分析】從眾是經驗依賴症的具體表現

經驗依賴症，就是領導者不思考未來、不制定目標，走一步算一步。處於這樣的思考方式的領導者與員工，往往只在乎眼前的利潤，而忽視長遠利益，這會使企業丟失久遠的未來。正如一位企業家所說：「不思考未來，你將會被淘汰。」

心理學家阿希（Asch）曾經設計過一個實驗：在 ABC 三條線條中找出與第一條長度一樣的線條。阿希請來 7 位演員，讓他們回答「B」，最後讓一位真正的實驗參與者回答問題。

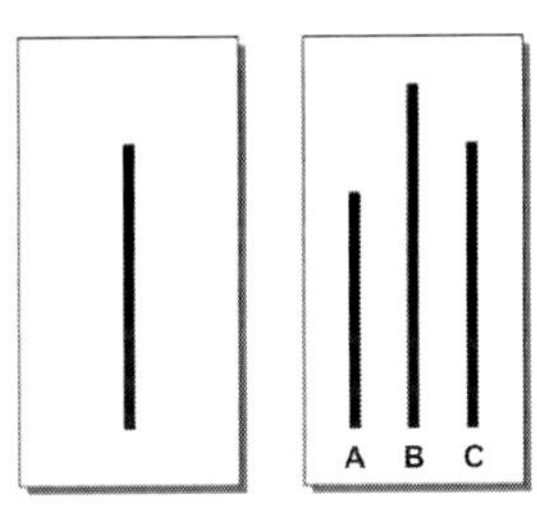


圖 1-2 阿希的試驗道具

阿希總共進行了 18 次實驗，結果顯示：實驗參與者的正確率為 63.2%，有 36.8% 的參與者會認同其他 7 位演員的回答，得出錯誤的答案。

這個實驗顯示人具有從眾心理，會根據其他人的思維與行為來設計自己的行為，這也是患有經驗依賴症的領導者共有的心理特徵。因為沒有目標、對未來沒有規畫，就會跟著其他企業的思維、行動來經營自己的企業，即其他企業做什麼，我也應該去做。

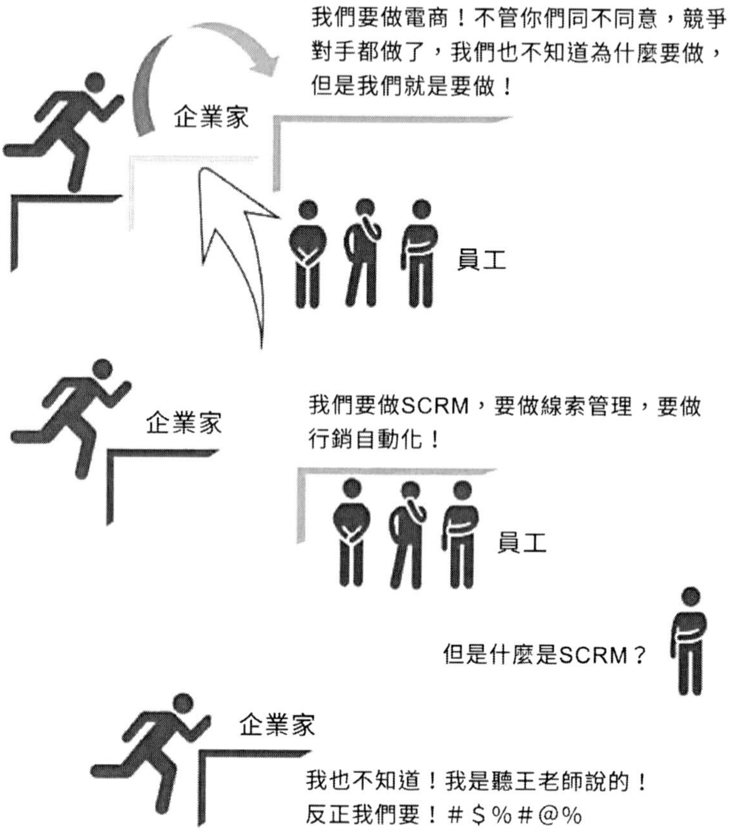

我們要做電商！不管你們同不同意，競爭對手都做了，我們也不知道為什麼要做，但是我們就是要做！

企業家

員工

企業家

我們要做SCRM，要做線索管理，要做行銷自動化！

員工

但是什麼是SCRM？

企業家

我也不知道！我是聽王老師說的！反正我們要！＃＄％＃@％

圖 1-3 患有經驗依賴症的具體行為

陷入經驗依賴症的領導者只會根據其他企業的行為去經營自己的公司，而同樣陷入經驗依賴症的員工就會以領導者馬首是瞻，說什麼就做什麼，沒有自己的想法與建議，如同行屍走肉一般。而被這種慣性思維支配的企業也將會在隨波逐流中，慢慢的瓦解崩潰，最終走向末路。

## ●【病源分析】經驗依賴症的 4 種來源

### 驅動力量的喪失

驅動力是一個企業走向未來的重要因素，這個驅動力通常都是企業的願景、目標。

但有時領導者會發現這樣的問題：即使企業制定了願景、目標卻依然不能帶動員工的積極性。這樣的問題大多是因為企業對自身現狀的分析並不明確，實行的方法可能並不適合企業的基因。透過對自身現狀的理性評估，是領導者避免經驗依賴症的一大有效方法。

### 簡單的管理理念

領導者的管理理念是支撐企業長遠運行的重要因素，過於模仿會形成表面主義、形式主義，因為都是效仿來的，並不是結合企業實際情況。看到今天某位大師的管理理念非常好，立刻開始在企業操刀運用，在這種不具體、無明確工作目標的環境中工作，會使領導者、員工喪失對事件釐清的能力，失去對工作的熱情，如同「溫水煮青蛙」。

### 產業規範壓力

每一個產業、族群都有其規則，有些是明面的規章制度，一些是約定俗成的潛規則。迫於企業內部與市場的潛規則，許多中小型企業可能不會去嘗試創新，不敢去挑戰一個超出當前市場情況的目標。因此，不去效仿就會有看見的壓力、挑戰，是領導者判斷自己是否有經驗依賴症的一個重要因素。

## 資訊衝擊

如今是一個瞬息萬變的時代，其資訊代謝的速度也越來越快，以至於讓領導者感到迷茫，不能抓住重點。資訊代謝促使產業的重新洗牌，這會變革相關產業的規則以及影響要素，領導者的經驗正在逐漸失去作用，這阻礙了領導者掌握市場規律的變化。

再加上年齡的代際在逐漸變短，以前是十年一代，如今已經發展到五年一代，「90 後」與「95 後」在思考方式、價值觀上等方面就已有了較大的差距。價值觀的多元化讓領導者不能掌握重點，會受到大量的「碎片化」資訊的衝擊，而無法為釐清問題本身帶來影響，釐清問題的重要就如愛因斯坦曾經說過：找對了問題比找到解決方案更重要。

## 1.2 認知局限症：照本宣科導致惡性循環

**思考要點**

企業產生認知局限症是因為領導者與員工不懂批判思考，或者是「懶」得思考，只認為我就是對的。一般而言，認知局限包括兩種類型：無意識的機械行動與有意識的成為凡事反對的人，這都會使領導者在認知局限症中越陷越深。

### ●【症狀分析】認知局限症的表現

認知是指人們獲得知識或運用知識的心理過程，主要包括「感覺」、「知覺」、「記憶」、「思考」、「想像」這 5 個方面。人們透過感覺與知覺獲得知識；透過記憶儲存知識；思考和想像可以理解為就是運用不同的方式舉一反三，將學到的知識應用到解決問題的實踐之中。

認知局限症主要出現兩種情況：

（1）根本不懂得批判性思考，而只會認為我就是對的，更別說聽取別人意見了！這就是認知局限症中的機械性的認知。我有一個做生產製造的企業家學員，一次總裁班課程之後，邀請我去他們企業上課，到了之後發現很多管理幹部很消極，下

來和人力資源部溝通，才得知，現在有一批正在趕工的設備，大家忙得不可開交，而老闆聽了我這個課之後，就覺得特別好，必須讓大家馬上學習，很多高階主管建議是不是等一個月左右，把這批設備趕出來後再學習，但根本沒作用，所以大家來上課，還擔心著生產進度，因為有「軍令狀」。

還有這樣一個小故事，網路上有一張圖片，是這樣描述的：「如果你沒想好方案，就不要提出問題。」這張 A4 紙影印的東西，就貼在董事長的辦公室門口。身邊的一些企業家朋友有轉發的，也有實際操作的，其實這就是沒有進行批判性思考，殊不知，這些要扼殺多少改善的機會，因為有些人真的可能只懂提出問題，但並不知道問題的解決方案。作為領導者，我們是否可以拿到這些問題之後，去找那些擅長解決這些問題的人解決呢？

（2）將批判性思考與指責性思考混淆，認為批判性思考就是對別人的意見提出質疑，通常的表現就是別人說了一個想法，他說：我這個人喜歡批判性思考，所以針對你這個說兩句。其實這叫指責性思考。

有一次去一家企業主持九伴 7 步共創 ® 策略工作坊（見書後名詞解釋），我就運用奧圖．夏默（Otto Scharmer）的 U 型理論（見書後名詞解釋），去引導大家，有位領導者把策略方向說清楚之後，接下來就該大家提問了，等小組一輪提問結束之後，他首先不是回答問題，或者思考，而是針對大家提的問題，進行了嚴厲的「批判」，我當時立即採用導師主持人權力，保證會議順利進行，會後溝通，他說薛老師我這個人是「批判性思考」，我說也有可能是「指責性思考」，事情過去兩個月，我再次去他們公司，他找到我說：薛老師，我明白了，批判性思考是對內的，對自己認知的拓展。當時所有的與會的高階主管都哈哈大笑起來。

德國數學家莫比烏斯（Möbius）曾經做過一個實驗：將一隻小甲蟲放在一個圓圈形的小通道上，結果甲蟲一直在沿著圓圈運動。這是由於昆蟲沒有思維，而是靠本能去活動。

而具有認知局限症的人，會自我封閉自己的思維，這樣只會讓思考僵化，如同小甲蟲一樣陷入莫比烏斯環。

而陷入這種狀態中的人，有可能並不會意識到自己已經進入了一個惡性循環，或者已經意識到了，但並不明白其中的利害關係，不想費力去改進。這就是認知局限症的表現。

圖 1-4 莫比烏斯環的循環效應

## ●【思考小場景】認知局限的兩種類型

還有一些學生認為「讀書無用」，上課不好好學，一心想要做社會人士。甚至還有人早早輟學，出外工作。

當家長逼迫學生去念書時，一些學生時常會問：「我讀書有什麼用！難道買菜還要用到指數函數、拋物線，講話還要滿口的仁義禮智信嗎？」

這就是無意識的認知局限，就如同「書呆子」只會死讀書，儘管滿腹經綸，但是也不會用，這讓人形成「百無一用是書生」的刻板印象。他們將自我的思維局限在讀書上，而沒有放在知識的運用上。

雖然買菜確實可能用不上，但如果你想賣菜就一定用得上。曾經的大學入學考狀元，選擇了當一介屠夫，賣豬肉也賣出了名號，還開創了屠夫學校，並創建了高級豬肉品牌。能活用知識、打開思維的人即使是賣菜也能賣到極致，反之，只會陷入「失敗 —— 自我否定 —— 失敗」的下滑式的循環中。

領導者的認知局限症主要有兩種，一是無意識的進行機械性的活動；二是混淆了批判性思考和指責性思考。

「世上無難事，只怕有心人」，只要願意去思考，願意去改善思考方式，領導者與員工就能打破自己的思維局限，為企業帶來活力與新生。

# 1.3 一葉障目症：只看到冰山的一角

**思考要點**

**正所謂「一葉障目不見泰山」，一葉障目症就是領導者不能從整體上去掌握問題，不能多元化的觀察分析問題，從而不能抵達問題的本質，尋找不到解決問題的辦法。**

## ●【一葉障目症案例】

1912 年，英國白星航運公司的史詩級遊輪 —— 鐵達尼號與一座冰山相撞，沉入大西洋。在電影《鐵達尼號》的強大影響力之下，大部分人都認為是冰山導致了鐵達尼號的沉沒。但摩洛尼（Mulrooney）認為任何事情的發生一定是多方面因素結合的成果，因此對這一海難事件進行了長達 30 年的調查。

在當時的船隻駕駛規則中有一個使用範圍很廣的方法：當船的前方出現障礙物時，就向船的右方行駛。根據摩洛尼的調查證實鐵達尼號船體右側的冰山範圍更廣，選擇右轉只會讓船與冰山相撞。水手的慣性思維也是導致了鐵達尼號的悲劇的重要因素。

鐵達尼號的首航準備得並不充分，水手培訓太短、航海安全設備不完善等，都是推動這場海難發生的因素。在發生事故後的三天，近代新聞史上出現了最混亂的時刻，針對「婦孺是否獲救」這一問題都存在著至少四種說法。

白星公司也乘亂進行公關，透過著重描述那些英美名流的紳士風度與騎士精神，在為那些獲救的頂級富豪創造英雄美名的同時，也將自己從這場海難的責任之中摘除。

水手們在駕駛遊輪時，只採用了直線型的思考方式，只根據規則的角度解決問題，而不是從實際角度出發解決問題，這就是一葉障目式的思維。媒體讓人只看到表面，而那些看客也不會去追蹤真相，只會選擇去相信，這也是一葉障目式的思維。

## ●【症狀分析】一葉障目症的表現

### 無法掌握整體

正所謂「一葉障目不見泰山」，一葉障目症就是只看到事、物的部分，而看不到整體，思考時也不會去思考整體。浮在水面上的冰山，人們只能看見肉眼可見的部分，而水下的部分、很難被人察覺的部分則會被忽視。

一旦有輪船撞到冰山，就會凶多吉少。在思維上也是如此，如果一個領導者與員工不能發現整體，只聚焦於部分，終會為企業的發展埋下隱患。

我遇到過這樣一個情況：有一次去一家企業上完課之後，他們老闆就吩咐人力資源和財務部做股權設計，為什麼呢？就是因為我在課上提出了如果企業到了一定突破階段，一定要考慮給予員工股權。而他們只聽到了「一定要給予員工股權」，卻忽略了「企業到了一定突破階段」，同時也忽略了我當時說的幾個突破階段。最有意思的是，要找我做股權設計方案的引導。我第一反應就拒絕了，一則據我了解他們企業還不適合做股權，二則我只是講員工治理時提到了股權，但我不是全才，股權還是應該交給專業做股權的人去做。

在這個案例之中，企業領導者沒有從全面思考，只想到我要做股權，卻未能關注到股權會為企業帶來什麼正向價值，什麼負向價值。這種思考方式是一種定向的、視野狹窄的思考方式，是直線型思考方式。只能看見表面現象，沒有看見問題的全貌，不能到達問題的本質。

直線型思考方式是一葉障目症一大表現。我們以前上學的時候做數學題，運用直線型思考可以透過詳細的步驟，直達問題的答案，迅速解決單向度的問題。

例如，已知條件為 A ＝ B，B ＝ C，就可以得出「A ＝ C」的結論。但這種思考方式對領導者去制定策略、創意「百害而無一利」，解決複雜的問題需要從全局出發，進行多向度、多角度的觀察，才能發現最佳解答。

## 雜亂無章的思考

一葉障目症的另一大表現與直線型思考對立，即雜亂無章的思考。這會讓領導者可能一會關心公司策略等大方向，一會關心組織內部，依然雜亂無章。

我去過一家生產毛氈禮品包的企業，因為競爭日益激烈，近幾年一直在摸索國際市場。課間之餘，與其中幾名高階主管交談，發現這家企業前身是地方企業，期間轉型多次，初期真的賺了不少錢，但 2008 年之後，企業就一直在走下坡路，很多人認為是老東家年齡大了，跟不上時代，於是就把在國外的少東家呼喚了回來，經過幾年的培養換班，拿到經營權的少東家開始運用在國外學的經營理念，開始吹響國際戰的號角，成立了外貿公司，打通國際市場之後，突然發現雖然引進了不少有國際市場經驗的管理層，但是原有生產管理層和員工不能良好合作，於是又開始對生產公司進行培訓和改進，經過兩年發現，對近 40 年的組織進行變革的成本，還不如新成立一家，開始投資設備建新廠、徵新工。幾年下來，企業已元氣大傷，新業務、舊業務仍未有新的突破，這就是典型的領導者自己本身雜亂無章的思考所導致的。

領導者在遇到問題要以更高的格局、多方向的角度去觀察，發現問題各要素之間的關聯，長久之後，自然會養成全局看待問題的好習慣，走出一葉障目症的泥潭。

## 1.4 資訊悲劇症：過量資訊令人頭腦麻木遲鈍

**思考要點**

**資訊悲劇症的症狀是領導者被大量的多餘資訊與垃圾資訊綁架，並逐步退化思考能力。領導者在這一病症的掌控下，越來越焦慮，卻苦無辦法，更無法經過思考與分析後，篩選出最有效的資訊。**

### ●【思考小場景】多餘資訊與垃圾資訊是元凶

你的公司群組、家庭群組，是不是經常有人發「剛剛宣布……馬上刪除」、「你不得不知道的……」、「糖尿病應該……」、「知名企業家認為年輕人應該……」

你覺得很奇怪，明明知道一看上去是假的，但還是忍不住進去看一眼。

你覺得很奇怪，明明知道一看上去是假的，但還是有人會轉發出來。

上述場景這就是被資訊悲劇症支配的表現。資訊悲劇症就是被大量資訊操縱，在思考上表現為不活躍，在行動上表現為不敏捷，從而不能集中精力弄清楚問題的本質，無法尋找出解決方法，最終形成麻木型的思考模式。

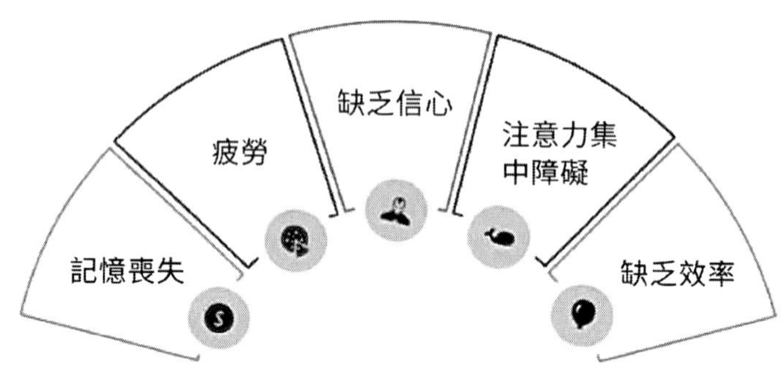


圖 1-5 資訊悲劇症的症狀

網路技術的發展，促進各類型網路媒體的興起，在豐富資訊的供給量的同時，也產生了大量的多餘資訊。相較於大型的網路媒體、傳統媒體，自媒體的門檻更低，從業人員眾多，創作出的資訊良莠不齊，產生的垃圾資訊也更多。多餘資訊與垃圾資訊是造成資訊悲劇症的元凶。

多餘資訊與垃圾資訊會干擾領導者與員工的思考，並會對其思想進行綁架，然後慢慢腐蝕其思考能力。在這一過程中，領導者與員工會有這樣的變化過程：提出自己的觀點—發現其他優秀的觀點—了解更多的觀點—無法判斷最佳的觀點，無法取捨—喪失自己的觀點。這就是被資訊操控、洗腦的過程。

## ●【症狀分析】資訊悲劇症的表現

### 跪拜大師

在多餘資訊與垃圾資訊的洗腦之下，領導者很可能會變成思想上的「傀儡」，會盲目的「跪拜」大師。

例如，在電商產業有許多領導者將一些成功企業家的觀點奉為「聖經」，根據其公司的運行模式來經營自己的企業。還有一些行銷網紅、無良的自媒體會斷章取義，片面的去描述成功企業家的觀點以及其公司的管理之道。患有資訊悲劇症的領導者依舊會去相信，會將這些譁眾取寵的價值觀、方法、策略等放入到實踐之中，並為其員工洗腦。失敗之後，也無法找到失敗的原因。

許多領導者會透過看線上課程、與線下所謂的「大師」的培訓課程，來汲取經驗與資訊。在汲取大量的「碎片化」資訊後，領導者會覺得自己如同吸滿水的海綿，已經完全掌握了管理與經營之道，這是「碎片化」資訊帶來的強大的錯覺。這樣的「強大」不堪一擊，經不起實踐的檢驗。

## 喪失篩選資訊的能力

在目前的社交平臺上出現的大量化、碎片化資訊，大部分都是無用的垃圾資訊。

特別是在很多社交娛樂平臺上，出現了大量的虛假資訊。在這些平臺上，往往會看見這樣的內容：「震驚！原來地震竟是千年巨蟒渡劫所致」，這樣全靠 P 圖的胡編亂造的資訊並不少見，幾乎每一個平臺都會出現，但平臺對此類虛假資訊卻仍然採取放之任之的態度。因此每一個人在收集資訊時，要對資訊進行過濾。

從目的出發收集資訊是過濾資訊的有效方法。資訊悲劇症患者正是因為失去了對垃圾資訊過濾的功能，像一個餓極了的人，不論資訊的好壞，總是照單全收。

社交平臺裡經常充斥著「名師培訓，助你成為另一個成功企業家」之類的培訓推廣的廣告，通常這樣的課程內容都是將網路上的資訊進行表面上的拼湊，並沒有深入學習的價值。在社交平臺裡發送這樣的資訊的人其實就是垃圾資訊搬運工人，以群組分享的形式，散布垃圾資訊。很多領導者以為自己在學習，其實只是在吸收垃圾資訊。

在這樣的社交情景下，領導者不知道要去思考、要去學習的內容，無法將學習作為資訊收集的目的，並朝這個目的出發，首先摒除自己不需要的資訊。領導者不能清除作用不大的資訊，剔除不適合自己、不適合企業的資訊，最終收集到的資訊也不是核心資訊。

在行動網路時代，領導者透過大量的碎片化資訊尋找答案，就是竹籃打水一場空。因為在這些資訊之中，有許多似是而非的觀點，這類觀點只流於表面的價值觀，不能給予領導者與員工有效的引導。

資訊只是一個參考的依據，不能將這些收集的資訊作為實現目的的方法。而是要在借鑑這些資訊的同時，對它們進行深度的思考與分析，從而做出自己的判斷與決策，這才是解決問題、達到目的的有效方法。

## 1.5 變化恐懼症：不敢創新與變革，害怕變化

**思考要點**

**變化恐懼症會讓領導者抗拒變化，不敢創新。會使領導者更聚焦於變革失敗的企業案例，無法總結標竿企業的經驗。在這種病症下，領導者無法與時俱進，透過創新與變革的勝利成果。最後在恐懼的泥沼中越陷越深。**

### ●【症狀分析】變化恐懼症的表現

變化恐懼症是領導者抗拒變革，抗拒改變，不願意進行創新，或者對變化過於敏感的思考方式。

具體表現為：在企業仍沿用過時的管理理念、管理方式等，不能與市場、與國際接軌。世間萬物都是運動的，沒有絕對的靜止，更不存在一成不變。領導者抵制革新也只能逃避一時，不能制定差異化策略，甚至還會因為落後而陷入萬劫不復的境地。

領導者們可以根據以下特徵對自己進行診斷，看是否已經陷入變化恐懼症的泥沼之中，或者即將踏入其中。

#### 擔心失敗而拒絕試錯

一位年輕企業家說過一句話：今天試錯的成本不高，但錯過的成本很高。但我引用這句話並不是贊同這句話，而是要告

訴大家，如果不試錯，我們永遠不知道未來到底應該如何，如果有企業在某一領域先人一步制定出了標準，那就是錯過。我們要勇於試錯，或者說要勇於科學試錯，在企業承受範圍內的情況下去試錯。如果領導者都是在「不著急，先看看」、「哎呀，我也想到了，但是當時怕……」，很明顯，你是無法勇於試錯，或者不懂如何科學試錯。

這類的領導者曾經也有一顆不斷創新的心，但可能因不當的計畫設計、可行性低的策略目標、模糊的前進方向、不留後路的背水一戰等因素而創新失敗，最終一蹶不振，甚至達到談「新」色變的境地。這會使領導者在對企業規劃未來發展時瞻前顧後；在進行決策時拖泥帶水，從而失去最好的進入新風口的時機。

**與大眾保持一致**

具有變化恐懼症的領導者，在抵制革新的同時，還會找不到方向與目標，這會讓領導者跟隨主流出發。

領導者的這種行為就是「羊群效應」。當羊群遇見障礙物時，第一隻羊會繞過障礙物，第二隻、第三隻也會與第一隻羊一樣繞過去。即使當牧羊人將障礙物清除之後，其他的羊依舊會與第一隻羊做同樣的行為。

陷入變化恐懼症的領導者，也會與後來的羊一樣，跟著其他成功的領導者的想法進行行動。在創新的這條路上，如果學大多數人，那只能是在大多數人後面排隊。《藍海策略》（*Blue*

*Ocean Strategy*）一書中講到對未來價值創新的四個步驟，其實就是要我們在產業標準內，不出現羊群效應，增加一點什麼？剔除一點什麼？降低一點什麼？創造一點什麼？對未來而言，除了預測，我們還能主動應對。

解決變化恐懼症最好的方式不是逃避，而是正面以對，用「以毒攻毒」的方式將其全面剷除，用創新、變革去抵制恐懼。

## ●【變化恐懼症案例】過度恐懼導致的過度反抗終會失敗

2015 年，A 公司將圖片社交方向變革，轉向直播產業，並透過與電視臺合辦活動，在直播產業一枝獨秀。在這期間，大量平臺紛紛進入直播風口。2018 年，A 公司的倒閉是直播產業倒閉大潮的開端。盲目的從眾、過度的追求風口，會使市場供大於求，「洗牌」也會變成必然趨勢。領導者要懂得規避風險，才會避免因失敗而患上變化恐懼症。

與時俱進是創新變革必須遵循的原則，是領導者解除變化恐懼症的必要途徑。如果企業進行變革與創新的速度跟不上時代的步伐，就會錯失良機；如果變革與創新超過了時代與市場的變化速度，大部分會走向失敗。

曾經在教育行業叱吒風雲的 B 公司不斷推陳出新，在 2008 年推出線上免費直播、研發標準化學習流程等，使其興盛一時。但在 2014 年為了在網路時代獲得最好的發展，B 公司開始放棄線下業務，全面轉型為線上培訓，甚至還將處於紅利期的線下項目停賣，最終因虧損而倒閉。

領導者只有正確的掌握時代發展的速度，才能與時俱進，用創新去促進企業的變革與發展，用變革去清除領導者的變化恐懼症。

「真正的勇士勇於面對慘淡的人生」，領導者也不要去恐懼變化，不要想逃避，而是要積極主動的去面對、去思考，用創新與改革的勝利成果激勵自己與員工走向更美好的未來。

## 1.6
# 懷疑猜想症：從「盲目委託」到「疑慮重重」

**思考要點**

**從盲目委託到疑慮重重，是患上懷疑猜想症的過程，這一症狀還具有強烈的傳染性，會慢慢腐蝕企業的活力，使企業產生混亂，最終走向崩潰。**

### ●【懷疑猜想症案例】懷疑猜想症是導致企業難以創新的元凶

患有懷疑猜想症的領導者，通常都經歷過從盲目委託到疑慮重重的過程。

例如，一些領導者盲目相信「空降兵」能為企業帶來變革，但如果失敗就會使領導者慢慢的不信任員工。這樣的態度會間接的傳達給員工，使員工也開始不信任企業，隨時準備跳槽。疑慮之風也將會在整個企業中蔓延，這會使領導者與員工喪失了熱情，企業喪失了創造力。

某一家教育培訓機構，因其優秀的師資團隊與輝煌的成就備受家長們的推崇，其資優生考試的成績也被學校認可。每年的分級考試，都是人山人海的局面。

但後來隨著其他知名培訓機構的進駐，其業務開始出現下滑趨勢。再加上，其資訊化程度不高的弊端開始顯現。如支付方式只能採用現金支付，使許多家長怨氣頗大；資料紀錄幾乎全部採用人工紙質文件為主，工作效率低；一有損失，全體員工亦有連帶責任，使一些優秀人才跳槽到其他機構。

在這種情況下，其最高決策者，聘用了一位汽車產業的、有豐富經驗的管理者對公司進行改革。

「新官上任三把火」，第一把火燒掉的是制度，第二把火是建立新校區。第三把火是展開教師培訓。有些措施並不適合在當前階段實施，急於求成，頻繁的人事變動引發了公司內部強大的動盪，最終改革不了了之。

但改革失敗的負面影響並沒有結束，公司上下人心動盪，管理者與員工之間生出間隙，甚至還有元老級的老師另立門戶。這對公司帶來了龐大的損失。

該培訓公司的案例，還原了懷疑猜想症的產生的過程以及原因。「一朝被蛇咬，十年怕草繩」，領導者的決策失誤帶來的負面影響是強大的，在陷入自我懷疑的同時，也會懷疑員工的能力、狀態與忠誠度，這會在員工之間傳播一種不信任的氛圍。猜忌是一家企業、一個團隊瓦解的開始。

忽左忽右的企業文化也是導致懷疑猜想症的重要因素，也是導致企業內部混亂的元凶。企業文化來源於領導者的對企業未來的規畫，是價值觀與願景、理想、目的的結合體。如果領導者不能確定企業的目的與願景等，也不會形成穩定的企業文化，這就使企業缺失了維護內部凝聚力的紐帶與方法。

這樣的企業即使發展壯大，也不堪一擊，經不起困難與挫折的考驗。在失去利益的捆綁之後，員工就會像林中的鳥，「大難臨頭各自飛」。

領導者的決策、企業的文化會自身猜忌之外，員工之間的利益衝突也會加劇領導者與員工的懷疑猜想症，從而陷入惡性循環。

「有人的地方就有江湖」，而有江湖的地方就會有恩怨與糾紛。如果有兩位員工因為工作上的一些小摩擦，被有心者知道後就會在企業內部就會散布眾多流言。這些流言蜚語會潛移默化的吞噬企業中的凝聚力與團結力，為企業的發展埋下隱患。

## ●【症狀分析】懷疑猜想症的病源

### 領導者不注重對團隊黏合力的培養

領導者要想打造一個團結一致、共同奮鬥的組織，就必須去除懷疑猜想症，將員工「聚沙成塔」是最關鍵的一步。

領導者沒有將員工視為平等的夥伴，這也會促使團隊成員之間的關係變得脆弱，僅僅以利益為紐帶支撐雙方之間岌岌可危的信任，不能讓員工真心誠意的為企業的發展出謀劃策。

### 未堅持「以人為本」、透明化、公平公正的原則

「三個臭皮匠，勝過一個諸葛亮」，領導者聽取員工的建議與想法，可以減少自己的決策失誤。廣納良言還會使員工真正感受到自己已融入到了企業之中，並為上級重視，從而得到自我價值的肯定。

但如果領導者一意孤行，會使員工覺得自己不受重視，失去對工作的熱情，從而再也不願意去思考解決問題的對策。

在分配薪酬、股權等方面，有的企業說我們這裡很公平，但公平是最大的不平等。領導者工作要做到的是過程公平，而不是結果公平。結果還是要靠團隊合力而成。搭配好員工的團隊結構，按員工的貢獻來進行分配，這裡所說的貢獻不是說一定要成功，而是付出的努力。

有一家保險代理公司，採用的是薪酬保密制度，我去做九伴 7 步共創® 執行工作坊的時候，發現大家都在談自己的付出，後來跟人力資源部溝通發現，導致這現象出現的核心原因，是因為之前公司 CEO 是從一家大型網路公司出來的，以前都是專案制，員工的薪酬分配都跟專案的收益掛鉤，防止員工層面說三道四，嫌棄手上的專案，於是這家網路公司採用薪酬保密。這位 CEO 來後，擔心同樣的事情，也把薪酬保密引入。我們都知道保險代理公司，很有可能就是靠大家薪酬的公開透明去刺激員工翻越更高的障礙。

領導者還不如直接將薪酬制度公開透明，讓每一個員工都能根據自己的貢獻計算薪酬。這樣還可以讓員工在與企業其他員工的對比中，被激發出鬥志，適當的加強了員工之間的競爭，促進企業的向上發展。

領導者的懷疑猜想症會在整個企業之中擴散、蔓延，最終會使企業分崩離析。領導者應該及時進行自我診斷，並進行改進。

打破以上6層思考公式，是成為創新型領導者的先決條件；而透過獨立思考實現創新，是打造思考型組織重要環節。

### 【知識拓展】行為動機與個人性格的關係影響思維

DISC 這個理論是一種「人類行為語言」，美國心理學家威廉·莫爾頓·馬斯頓（William Moulton Marston）博士，在 1928 年出版的著作《常人之情緒》（*Emotions of Normal People*），被許多人奉為經典。他在該書之中，闡述了「人類行為語言」的四大類型，將 DISC 性格心理學理論推至人們的眼前。

馬斯頓博士的 DISC 研究方向是：研究由人類的正常的情緒反應，並探究人類性格與行為之間的關係。在這之後，有許多學者都在馬斯頓博士的 DISC 理論的基礎之上，繼續研究，其中價值最大的成果是廣為人知的 DISC 測評。

馬斯頓博士認為構成個體複雜的性格的原因，在於四種基本的性格因子：支配（Dominance）、影響（Influence）、穩健（Steadiness）與謹慎（Compliance），透過以不同的複雜的組合形式而形成的。在之後形成的行為特徵分析（Personal Profile Analysis）的基礎理論依舊是 DISC 理論，就是根據這四個因子，劃分出四種不同性格的人。

表 1-1 DISC 性格類型

| DISC性格類型 | 代表人物形象 | 具體描述 |
|---|---|---|
| 支配型（Dominance） | 老闆型／指揮者 | 愛冒險的、有競爭力的、大膽的、直接的、果斷的、創新的、堅持不懈的、問題解決者、自我激勵者 |
| 影響型（Influence） | 互動型／社交者 | 魅力的、自信的、有說服力的、熱情的、鼓舞人心的、樂觀的、令人信服的、受歡迎的、好交際的、可信賴的人 |
| 穩健型（Steadiness） | 支持型／支持者 | 友善的、親切的、好的傾聽者、有耐心的、放鬆的、熱誠的、穩定的、團隊合作者、善解人意的、穩健的人 |
| 謹慎型（Compliance） | 修正型／思考者 | 準確的、有分析力的、謹慎的、謙恭的、善於發現事實、高標準、成熟的、有耐心的、嚴謹的人 |

透過上述表格，我們了解到了四種性格特徵的人群描述。支配型性格的人傾向於指揮型人才，雖然具有創新的能力，但可能會因為過度相信自己的能力，從而固執己見，不願意去仔細思考其他方案的可行性，很可能因為激進而為企業帶來損失。在聽見員工提出的建議時，也只是敷衍了事，更有甚者會認為建議是對其能力的質疑。

而穩健型的人才，為人處事注重穩定性，很容易走進因循守舊的思考誤區，不知變通。激進與一成不變的思考方式都是陷入了慣性思維之中，沒有發現自己思考局限於不可取之處。

組織之中各個成員的行為都是其性格的表現，而不同的性格的員工的思考方式也有所不同，在思考指導之下的行為也會呈現不同之處，他們可能會陷入的慣性思維更是南轅北轍。因此，領導者可以透過對員工性格的觀察，來解釋無法理解的員工的行為，從而了解他們的思維層次，將不同思維層級、不同性格的員工與適合他們的職位相搭配，從而提升企業效率。

# 第 2 章

## 獨立思考：
## 打破慣性思維，突破思維上的局限

我們生活在一個不斷變革的時代，需要嶄新的意識和團體領導能力。獨立思考是解開動態複雜性、社會複雜性和新興複雜性的鑰匙，是獲得團體領導能力、實現創新的密碼。

## 2.1 真正決定你能走多遠的，是你獨立思考的能力

**思考要點**

獨立思考就是對領導者行動有指導作用，或者能夠得出結論的、有效且清晰的思考，能夠幫助領導者打破慣性思維。可以透過建立自我意見、打破砂鍋問到底的方式，使企業上下都能獨立思考，從而打造一個思考型的組織。

### ●【獨立思考案例】獨立思考的重要性

A 基金投資 B 網路公司是創投界風頭最盛的投資項目，其利潤報酬率相當驚人。

在上個世紀末，大多數企業曾受到網路泡沫經濟的危害，因此在此之後，大多數保持著絕對的理性與謹慎，轉向投資較穩定的項目。對於網路遊戲，大多數企業都在靜觀其變，等待第一個吃螃蟹的人。

但 A 基金並沒有人云亦云、坐以待斃，而是選擇進行市場調查與獨立思考，並得出這樣的結論：18 至 30 歲的人群成為了網際網路的主流使用者，達到 69%，而這類人群也是遊戲的主要玩家，因此網路遊戲有著龐大的潛力。這一結論使 A 基金選擇投資 B 網路公司，利用網路遊戲賺取到龐大的利潤，為同

產業其他風險投資公司所眼紅。

A 基金投資的成功並不是偶然，而是因為其決策者善於獨立思考，在最好的時機掌握網路遊戲的風口，進入市場。高額的風險往往意味著高額的利潤，獨立思考並不能消除風險，但能夠減少風險，用最少的成本換取最大的利益。

領導者不僅需要在投資項目上進行獨立思考，在企業大小的決策上也要獨立思考。作為領導者，每天都需要不斷的做出判斷與決策。透過查看下屬提交的報告書、企劃書等內容，思考並判斷員工的提案是否具有可行性，還要思考這些提案在實施的過程中可能會出現的問題以及如何去規避問題等。在這一過程之中，不僅是員工有著極大的壓力，領導者也是如此。

如果領導者與員工的思維落伍或者陷入了慣性思維之中，在做出正確的判斷、提高企業的業績等問題上也只會空有一番熱血，無法想出富有創意的且具有可操作性的想法去解決問題，因此時常陷入疲於應付的狀態。

在這種狀態之下，企業全體上下的思考方式會受到自身的習慣、資訊的衝擊等因素的影響，在無形之間患上文中所描述的 7 種慣性思維病症。要破除這些慣性思維，最根本的方法就是獨立思考。

只有透過獨立思考，才不會去依賴經驗，不斷的打破自身的認知局限；明確目標與未來，根據對整體的掌握，系統性清除通向目標之路上的障礙；選擇正確的資訊，做出正確的決策，

使企業上下同心協力，共同促進企業的創新與改革。獨立思考可以幫助領導者突破慣性思維，這也是一種突破性思考法。

獨立思考是領導者進行決策的重要前提，是抓住發展機遇的重要環節，是促進企業實現願景與理想的重要方式。領導者的獨立思考的能力的高低，決定了企業能夠走多遠、能否實現基業長青的目標。那麼領導者應該如何獨立思考呢？

### ●【思考小場景 1】如何獨立思考？

領導者在學習如何獨立思考之前，應該明確「獨立思考是什麼樣的思考」這一問題。

2020 年突如其來的新冠肺炎，為全世界帶來了重大的災難，也正是這場災難，讓很多企業和個人改變了步伐。很多企業因為措手不及，而捶胸頓足。有一家茶飲連鎖品牌的董事長，打電話給我：薛老師，我們已經布局開始做更大的市場了，因為這個疫情而思考要不要暫停下來，因為看到很多同行都縮減業務線，進行裁員，這個關鍵時刻，我們怎麼辦？如果停下來，前期做的所有準備工作可能都要付之東流，如果不停下來，要耗到什麼時候啊？

這位董事長在嘗試思考，但她的思考是被動的、無效的思考。這種情況在生活與工作中十分常見，最終結果就是在反覆的糾結之中選擇了一個自己並不情願的答案，然後在自我折磨之中去堅持這個答案，最終會因各種問題而放棄。因為要不要做下去，首先參考標準是我自己的實際情況，而不是同產業其他人的行為。因為公司結構不一樣，員工能力不一樣，企業實力不一樣，如果只是參考同行撤我們就撤，同行上我們就上，可能會保持穩定，但必然不會有突破成長。有一家國際快遞公司就是一個好的佐證，所有的快遞業在 SARS 的衝擊下按下了暫停鍵，而這家快遞公司卻選擇了無論花費多大代價都要選擇包機，甚至購買自有飛機，因此造就了今天的地位。

### ●【思考小場景 2】面試提問

我曾經親自參與過我投資的一家公司新業務小組的面試，面對 3 位最終的面試者，我只問了這樣一個問題：「你對自己的未來有怎樣的規畫呢？」

A 君是一位應屆畢業生，他回答道：「我希望自己能夠學習更多知識，逐步擴展自己的視野。雖然現在我還有很多技能都沒有掌握，但是我願意去學，希望能夠和大家一起成長！」

B 君是跨行業的轉職員工，他回答道：「我覺得貴公司是一個很好的發展平臺，而且我對這次應徵的工作很感興趣，我希望自己在未來能夠做自己喜歡的工作。」

C 君是本領域的跳槽員工，他的回答極其簡單：「我希望留在這座城市，待在我們公司，學做管理。」

根據他們的回答，最終我們選擇了 C 君。為何？因為他的回答沒有多餘的話，而且十分明確的表達出了自己的未來規畫。A 君與 B 君雖然都提及到了自己的規畫，但表達得不明確具體，其背後原因可能是他們的邏輯思考能力與概括表達能力的不足。

這樣的小場景在生活與工作之中也有很多，我們應該怎樣才能提升自己的邏輯思考能力和概括表達能力呢？

有許多領導者也是如此，在思考時抓不住重點，時常陷入兩難之中。這樣的思考，無法引導行動，並不屬於獨立思考的範疇。

真正的獨立思考不是糾結式、跟風似的無效思考，而是在理解問題本質的基礎上，對解決問題有指導作用、對判斷決策有輔助作用的思考。獨立思考與雜亂無章的思考最本質的區別在於：獨立思考有明辨事情本質的基礎，有從實際現狀出發的思考，這樣才能創造適合組織基因的創新性成果。

在一次總裁班的課程上，我問所有的領導者：什麼樣的領導者值得追隨？

以身作則的，激勵大家的，腳踏實地的，還有說能帶著賺錢的，最有意思的是一位企業家說像我這樣的。大家說出自己的見解，然後我把大家總結的一一列出，運用 U 型理論的引導方法讓大家共創，在共創的過程中，出現許多不一樣的聲音，領導者們在思考這些不同時，也有更多的收穫。

在這節課中，大家感到收穫頗多，我用問題不斷的引導學生進行思考，並讓學生在思考之後能夠表達自己的想法，相互學習，從自身企業現狀出發，利用獨立思考能力，每個人得到的答案是不同的。

獨立思考最重要的一步就是在了解某一問題後，擁有自己的意見，並懂得與他人一起探討問題，彌補自己思考得是否足夠全面與深入，從而做出最佳的判斷。這就是哈佛大學提倡的「自我意見建立法」。

透過自我意見的創立，可以明確的得到一個結論，或者指導具體的行動，這樣的思考才是有效的思考，才能被成為獨立思考。領導者可以參照以下步驟，實現獨立思考。

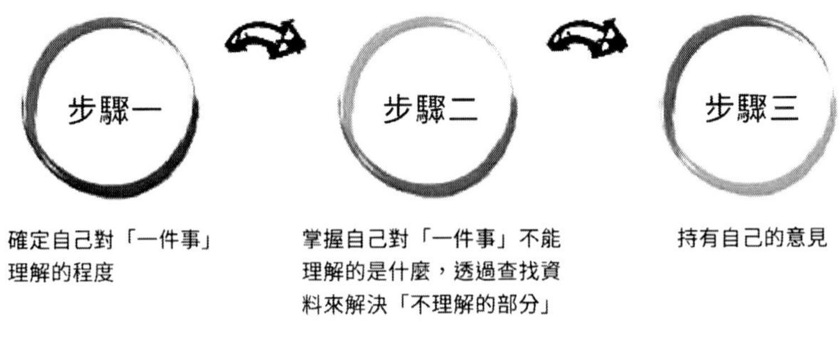


圖 2-1 自我意見建立法的具體過程

獨立思考是自我意見的建立過程，在這一過程中，領導者還要透過不斷的追問來達到獨立思考的目的。例如在判斷項目方案時，可以進行這樣的自問自答：

「這個方案怎麼樣？」

「還可以。」

「還可以是什麼意思？是指方案的方向正確，沒有什麼大問題嗎？」

「大致方向沒有錯誤，但仍存在一些小問題。」

「是什麼樣的小問題？有什麼解決方案嗎？」

……

透過這樣打破砂鍋問到底的方式，可以讓領導者一步一步的加深對這方案的了解，從而判斷這份方案是否可以使用，並準確的找出方案中存在的問題，發現解決問題的關鍵。最終用最完美的方案完成工作，獲得利潤。在自己獨立思考的同時，還要去鼓勵員工進行獨立思考，在日新月異的商界，只有首先具備了獨立思考的能力，不跟風的同時還不落伍，才能將企業打造成一個創新型的組織，從而全面提高企業的業績。

領導者與員工可以透過建立自我意見與打破砂鍋問到底，實現獨立思考，打破慣性思維。除此之外，領導者打破慣性思維還有許多方法，例如批判性的看對問題等，這些內容將會在後文中進行詳細介紹與分析。

## 2.2
## 獨立思考是所有思考的根基

**思考要點**

獨立思考能夠幫助領導者擺脫盲目跟風、人云亦云的窘態。使領導者的思維具備對事物有基本認知的立足點。領導者透過獨立思考，去蕪存菁，結合自身情況，促進創新型組織的誕生。

思考過程是在具體思維的指導下進行的，不同的思維會導致不同的思考。獨立思考就是在開放的思考模式下進行的思考活動。思考與思維之間具有相互作用，思維能夠指導思考，思考也能夠影響思維。獨立思考能夠解決的盲目跟風、人云亦云就是思維問題。

### ●【思考小場景】盲目跟風

有的樂透投注站會張貼出「賀本店開出某期頭獎」等告示，目的是為了吸引更多的人來購買。但透過這件小事我們可以看到，如果真的是因為這個投注站出了一個頭獎，我們就跟過來了，就是對盲目跟風最簡單的解釋。

我曾經跟一個朋友參加過一個線下論壇，在那個論壇上有成千上萬的網路商店從業者，但細數成功逆襲者卻寥寥無幾，但交錢加入聯盟者很多。一個很有意思的現象就是當看到有人做了一件事收益很大的時候，有一大部分人湧入了進來，而熱情總是短暫的，過後又會說這個平臺不太好，其實平臺好不好暫且不論，要說的是沒有根據自身情況去分析我做這個項目會有什麼不同？那些障礙需要跨越？我是否有能力跨過這些障礙？

## 依賴經驗進行判斷活動

形成依靠經驗進行判斷的思考模式，是由於思考時對過去經驗的依賴，以及對自我抱有強烈的自信。並不會認知到自己在思考中存在非理性的因素。要擺脫對經驗的依賴，推動組織創新，我們在上本書《思考型組織》中已經說到，單純靠過去的經驗去解決未來的問題簡直就是自我安慰。

需要做的是領導者先明確企業本身正在做的事情，在這個事件情境中多問自己應該做什麼、應該怎樣去做，是否有更好的判斷與選擇等問題，而不是單純依靠經驗。

在日常工作中其實還有很多依靠經驗進行決策的案例，還需要再強調一下，過去的經驗只能解決已經發生的類似問題，但絕對解決不了未來有可能發生的問題。

2017 年到某化工企業主持九伴 7 步共創 ® 經營工作坊，主題是公司 2020 策略的解碼，人員主要都是公司的中層幹部，結構也相當有意思，有土生土長跟老闆創業的，有空降的，有內部提拔的，還有老闆的直系親屬。當大家談到對某項指標的協同與資源配對時，有意思的事情就出現了，A 說根據我在化工行業做了這麼多年，這簡直是無稽之談。B 立刻就說，老闆讓我來，就是做這件事的，你拭目以待吧。其他人紛紛附和 A，說先別這麼樂觀，我們公司這麼多年了，真的是沒有見過哪家化工企業把這件事解決了的。B 憤憤的低頭不語。中場休息，我問 B 為何生氣，B 答：孺子不可教也，跟他們簡直對牛彈琴。我趕緊與會議負責人、高階主管團隊溝通，新舊意見不統一，很有可能出現戊戌變法的結果。再次開會時，我跟大家說先不要「下載過去的經驗」，允許 B 把話講完，我們聽聽看，直到我們看到 A 和他的附和者們在反思過去的經驗，與 B 開始一起探討方案的可行性的時候，才鬆了一口大氣。因為我知道，大多數人已經從過去的經驗裡跳了出來。

透過獨立思考，可以使企業上下解決依靠經驗進行判斷的思維難題。通常說的「第六感覺」就是經驗，有一部分領導者認為自己就是依靠敏銳的直覺抓住風口，成功創業。因此，這些領導者可能會認為依靠經驗是一種理性的判斷，在很大程度上做出錯誤的判斷。這是獨立思考可以解決的一大複雜性問題。

領導者與員工透過獨立思考打破對經驗的依賴，實際上就是在建立科學的、理性的思維模式。並使企業在無形的、理性的雙手的操控下，實現思考型組織的創建與發展。

### 盲目追隨「真理」

世界上有真理嗎？肯定有。

什麼是真理呢？從哲學的角度來說，就是為什麼已經沒辦法回答了。比如為什麼叫太陽？因為他是定理。比如為什麼 X ＋ Y ＝ 2？因為 X ＝ 1，Y ＝ 1，X ＋ Y ＝ 2，這是已知條件。哪怕是我們說的公理都要存在一個前提。就像我說的所有的管理工具有用是基於某種假設或情境下才有用，離開了就不一定。

在哥白尼（Copernicus）的「日心說」提出之前，「地心說」是被眾人信奉的真理，認為地球是宇宙的中心，日月星辰都是圍繞地球而運行。人們在潛意識裡認為自己站在食物鏈的頂端，那麼棲息的地球就應該也有著相配的地位，理應是中心。這種思考方式就是以自我為重並且根植在人們的固有思維之中。

同樣，當我們開始推崇一個人或一個理念的時候，他也就變成了「真理」。一味的推崇將會使人失去理性。某個家具公司代理商奉承「聽話、照做」四字箴言，放在了辦公室的門口，我去他們公司授課，晚上跟這位老闆吃飯，老闆就抱怨了，薛老師，你有沒有發現我這些高階主管們是空有其名，一點思考能力都沒有。我就問他「聽話、照做」哪裡來的。他說第三方辦活動的時候我發現執行老師這種做法很奏效，我就找了位書法家寫下來掛到那裡了。我反問，既然要求大家聽話照做，為何又嫌棄他們沒有思考能力。老闆反駁我道：我是讓他們該聽話的時候聽話，該思考的時候思考。我說，如果沒有為大家定義出來什麼時候該聽話照做，什麼時候該思考創新，就把那四個字先暫且放到您的臥室觀賞一段時間。其實我們很多人都明白，這位企業家和他的高階主管團隊都陷入了「真理」漩渦。

如果這位企業家在張貼這四字箴言前思考一下，什麼情況下這四個字不能用，什麼情況下這四個字才有用。結果肯定是不一樣。

所以作為領導者在思考問題時，可以根據自身的經驗、對問題的認知進行思考，就不會出現類似事件的發生。

## 機械化思考

機械化的思考是多種思維缺陷與思考缺失導致的，以上兩種思考模式就是其表現出的顯性問題。如果說經驗思維與盲目追隨真理思維復刻在人類基因內部，那麼機械性的思考就是在基因的基礎之上，透過成長而形成的衍生性思考模式。

在機械性的思考模式下，獨立思考變得特別困難，因為處於這種狀態之下的領導者正在放棄對「自我」的堅持，隨波逐流。遇見問題要麼依賴外界，或者直接按照經驗或真理做事。

例如，上述案例中，那些高階主管們肯定會抱怨，明明是老闆的要求，但在出現問題後，卻要自己背黑鍋。出現這種情況就是在機械化思考模式下的行動僵化，沒有對上級的指令進行自我的分析與思考。

那些高階主管們應該積極的發現問題，並以謙遜的態度指出問題，並提出具有可行性的建議。共同打造創新型的組織。

## 2.3
# 如何成為一個獨立思考的領導者？

**思考要點**

「知、止、定、靜、安、慮、得」是領導者成為一個獨立思考的領導者的必經過程。在這一過程之中，領導者可以根據具體方法論的指導，打破慣性思維，實現這一目標。

企業的領導者是企業的領頭羊，決定著企業的發展方向與長遠發展，這需要領導者能夠獨立思考，不斷的提升自己的領導能力，帶領員工與企業走向更美好的未來。

很多領導者都會受到儒家思想的影響，該思想中突出的重點：自我教化與道德完善，是領導者進行獨立思考、提升領導力的理論支撐。在《大學》一書中提出的「格物致知」的過程是：知、止、定、靜、安、慮、得。這也是就是獨立思考的過程，也是讓領導者成為真正的領導者的過程。

「知、止」就是明確方向與願景；「定」就是立場堅定；「靜、安」就是靜心從容；「慮」為「思考周到，破除偏見」；「得」是付諸實踐。據這一過程，可以得出以下具體的方法論。

### ●【思考小場景】依賴經驗，可能失敗

一家大型煤炭設備企業，近年來因環境治理影響其下游煤炭行業，導致其業務萎縮嚴重。經多方探索，企業決策層決定開闢一條新業務線 —— 垃圾處理設備，原因有二：(1) 無須添置重型資產，原有研發人員及設備即可滿足。(2) 各級政府越來越重視環境治理，市場前景可見。在大刀闊斧22個月後，項目宣告失敗。後與此企業一名高階主管在一次課程中相識，當我講到「液壓挖掘機」創新成功的案例時，他恍然大悟，正是陷入了《思考型組織》中「流動壁壘」的窘境，研發人員依靠研發煤炭設備的經驗設計產品，推廣人員依靠與煤炭企業打交道的原則與政府單位部門處理關係。

上述案例，顯現出依經驗判斷的不可靠之處，那80%的參與者都是在透過「下載」已有的思維與想法，來進行創新，進行變革，具有強烈的主觀性，不能從客觀的角度進行分析後實行判斷。

很多時候有些企業請我去講課，通常會問，薛老師有沒有某某產業經驗啊，最好能有些某某產業經驗，給我們一些啟發，而我這裡說的某某正是他們產業本身。我想說的是，如果我也沉浸在某某行業，深扎入某某行業，大概不談講不講得了創新，還有可能被某某產業的經驗所套牢，而企業的人員在學習和實踐創新的時候，跳出某某產業的規則，看看其他產業的經驗是否有可借鑑之處，此乃獨立思考！

領導者在管理的過程中累積了許多經驗，形成自己獨特的思考習慣，這並不奇怪。如若不正視這些習慣，很容易會走入依賴經驗、固執偏見的誤區之中。只有領導者「覺醒」自我的思想，停止固有的「下載式」思考習慣，才能避免走入思考的誤區。這一方法論就是要求領導者不依賴過去的經驗，能夠根據自身情況具體分析。

### ●【獨立思考案例】解除「經驗依賴症」是成功的第一步

有許多企業可能會在意識到「經驗依賴症」之後，依然沒有走出經驗依賴的惡性循環。即使你認為自己並沒有依賴經驗，沒有被那些成功的案例束縛思想，但每當新的案例出現，你仍然會覺得「我也能夠做到啊」。例如一家公司的「三把斧」管理之道，一經出世，就被眾多的領導者追捧，完全不顧企業的實際問題，只是一味的生搬硬套，還想著能夠憑藉此法一鳴驚人，最後只能敗北。

正所謂「鑑於往事，資於治道」，借鑑前人成功的經驗並沒有錯誤。但領導者在吸取經驗的同時，不能依賴經驗，而是要將成功的經驗與實際、與時代相結合，只有這樣才能將經驗的效果發揮出來，從而避免「經驗依賴症」。

A 公司能夠在電商平臺占據一席之地，從電商龍頭的口中獲得一份蛋糕，就是因為打破了「經驗依賴症」。首先，A 公司借鑑了一位企業家「新零售」的成功經驗，將線下與線上結合，不斷突破銷量，並在短短幾年的時間內就擁有了大量客戶。當然，A 公司在借鑑其他企業的成功經驗時，也考慮到了現實問題。例如升級消費的市場已趨近飽和、普通的宣傳方式變現太慢等問題。

於是 A 公司創始人將市場轉向「消費降級」的市場，關心那些低消費能力的族群，並依託社交平臺進行「病毒式」的傳播，從而獲得成功，建立了一個以社交平臺為支撐的社交型電商平臺。

A 公司的成功在於將先例與經驗與時俱進，擺脫了因循守舊的思想，而是進行銳意的變革。

「今天是一個在過去延長線上找不到未來的時代」，領導者要想避免「經驗依賴症」，抓住「未來」，除了要像 A 公司一樣從實際出發，思考運用成功經驗的方法外，還需要懂得吸取失敗的經驗，從而慢慢的減少對成功案例與經驗的依賴，培養自己獨立思考的能力。

## 2.4
# 獨立思考的 7 個步驟

**思考要點**

**獨立思考雖然是一種思考方式，不能被量化與規範化，但其仍然有具體的方法論指導。企業可以透過定義問題，建立邏輯樹，剔除多餘的因素，進行決策、制定計畫。並在實施的過程之中，不斷收集資訊，發現問題，分析問題，解決問題。**

### ●【獨立思考的方法，跳出經驗的那些「坑」】

獨立思考是一種有效的、科學的思考形式，很多人就會問我，薛老師，那經驗就真的沒有用嗎？不是，本書所有的前提都是創新。比如醫生需要用經驗，修車師傅需要用經驗，我們會發現很多地方用經驗，但解決未來的商業問題，創造未來的世界，單憑經驗是不夠的，我們還需要跳出那個思維框架，去尋找經驗外的東西。

我們首先必須要明白，經驗帶給我們的作用是什麼。或者說要明白經驗的表現是什麼。

首先經驗的結構複雜，無法量化，是很多變量組合的東西。變量是不可控的，變量之間相互影響，有的是立刻顯現的，有的會存在時間延遲。有家裝飾公司看到友商學「阿米巴」，做得不錯，於是聘請了很多有經驗的管理人員，但結果不了了之，很有可能是這家裝飾公司只看到了對方做得不錯，而忽略了對方做了多少時間，因此經驗有很多是未經過證明的直覺。

其次經驗是自我假設，因為每個人的認知、價值觀不同，詮釋的結果可能就不同。網路上有個很有意思的例子：你嘗試做老媽式的紅燒肉，於是打電話給老媽，放多少糖啊，老媽說一捏；放多少醬油啊，老媽說一小勺。結果嘛，可想而知。因此經驗很多又是自我假設出發。

再次經驗是吝嗇的，只提供了少量的樣本，我在上本書《思考型組織》中已經說過了，當樣本量不足、樣本不具備代表性的時候，我們也很難汲取複製。比如有人買了一本豐田管理的書籍，或者聽了一堂豐田管理的課程就開始複製豐田模式，如果有這麼簡單的複製法則，全世界要出現多少豐田。

據此，我們跳出經驗的那些「坑」，掌握好經驗運用的尺度，而不是完全依靠經驗去解決所有問題，更不是靠經驗創造未來。

# 第 3 章

## 批判思考：<br>先思考問題的本質，再去尋找解決方案

認知的局限性導致領導者魯莽的得出結論或者不規範的、不假思索的任憑下意識做出決定。而批判性思考目的在於向內的反思，尋找更多的可能性。傳統和固化的思維會禁錮我們的認知，這就需要我們運用批判性思考，不斷學習，經常反思，定期評估思維。但要明白，批判性思考是向內建構自己認知的思考方式。

# 3.1
# 關於批判性思考的「五個誤解」

**思考要點**

批判性思考是領導者進行批判思考的重要思考方式，但許多領導者都對批判性思考存在「誤解」。如果不釐清這些「誤解」，就會使領導者進入思考的「誤區」，從而與其打造創新型組織的目標漸行漸遠。

批判性思考是學校教育的一大重點，同時也是領導者管理的一大重點。但不論是學校教育，還是企業管理，都對批判性思考存在「誤解」。幫助領導者正確的理解批判性思考，走出誤區，為運用批判性思考打下基礎。

## ●【批判性思考誤解一】「批判」不好，容易挫敗員工的積極性

「批判」是指批駁否定錯誤的思想或言行，還有「批示判斷」之意。從其詞義來看，「批判」並不承載著負面訊息，不是惡意的否定，而是客觀的指出錯誤之處。

例如，很多領導者倡導以人為本的宗旨去帶領團隊，當下屬主動拿來一份公司價值觀內並不可能倡導的方案時，很多領導者就猶豫了，我如果不駁回，公司不能允許這樣的行為出現；我如果駁回，打擊了下屬的積極性，以後不主動做了。這

樣吧，我旁敲側擊跟他說說算了，結果就是下屬一頭霧水的走出了老闆的辦公室，納悶老闆到底是允許還是不允許，但此時的老闆有可能在辦公室暗喜：這個旁敲側擊好啊！

批判性思考應該就如同「說理」一樣，以現實為基礎，用客觀事實與道理，以真誠的態度，以善意的方式去發出不同的聲音，這樣才掌握了批判的本質。領導者與員工用這樣的批判性思考去看待問題，將是一個美妙的思考過程。

## ●【批判性思考誤解二】懷疑就是批判性思考

批判性思考是用客觀的角度去看待他人的想法與問題，而不是用偏見的眼光去看待。領導者可以懷疑其他人的建議與想法，但不能無憑無據、捕風捉影。

福爾摩斯說：「在沒有得到任何證據的情況下是不能進行推理的，那樣的話，只能是誤入歧途。」領導者的批判就像是推理，沒有任何證據的批判就是無根的浮萍，只能隨波逐流，最終會喪失獨立思考的能力。

曾經，僅僅因為小龍蝦喜歡在河底生存，就有小道消息稱：小龍蝦含有寄生蟲、重金屬等有害物質，吃小龍蝦就相當於慢性自殺。這使小龍蝦遭到一段時間的「封殺」。但小龍蝦最終還是突破了重圍，成為被人喜愛的餐桌美食。

相關單位為此對小龍蝦進行了一組測試試驗，讓小龍蝦能夠「沉冤得雪」。根據試驗結果，發現大部分小龍蝦的鉛、鎘、無機砷、甲基汞、鉻等重金屬指標等皆在規定的安全範圍

之內。得出結論：小龍蝦的蝦線與蝦頭雖然聚集了體內的汙染物與廢物，但只要處理乾淨，就可以放心食用。

從小龍蝦的事件之中，我們可以了解到空口無憑的猜想與懷疑在一般情況下會帶來負面影響。而懷疑是批判性思考的出發點，但要依據事實基礎。

懷疑只是批判性思考的一部分，而不能等同。企業在發展的過程中可以繼續保持懷疑，但要有尊重事實的態度，身處企業之中的員工才會以此為榜樣，從而促進思考型組織的創建。

### 【批判性思考誤解三】求全責備是批判性思考的表現

求全責備就是對人對事要求十全十美，毫無缺陷。而「人非聖賢，孰能無過」，領導者會受到生活環境、他人的影響，在認知與思維上會出現局限，甚至可能出現偏見與錯誤。這個時候往往領導者會把指責性思考與批判性思考混淆。

領導者培養批判性思考，在本質上明辨自身的局限、偏見與錯誤，以便及時改正，而不是一味的求全責備他人。

某次我受邀去一家遊戲公司主持九伴 7 步共創 ® 策略工作坊，公司的主營業務因受到大公司各方面的制約，發展異常艱難，而此時因為遊戲畫面頗有美感，一家廣告公司提出合作事宜。即廣告公司承攬遊戲內所有的廣告頁面，由遊戲公司設計團隊繼續開發遊戲並設計廣告。同時要求遊戲公司停止會員服務，只保持儲值服務，這樣便可以吸引更多的零散玩家。因為做，公司雖然不賺大錢，但可以活下來，以圖日後突破；不做，以現在的業務發展，公司很難挺過三個月。我們按 U 型對話的方式，讓大家展開思考與感知，以追求自然流現後的結晶運行。最後大家一致決定先生存，再發展。

五個月後，經過一些累積和修整，公司發展看起來還不錯，但畢竟跟廣告公司合作同樣受到制約，並且廣告公司的行為開始挑戰這家遊戲公司的價值觀了。這次的議題是：到底是直接跟廣告公司切斷合作，還是內部孵化一支新的團隊開發新產品。直接切斷，又不敢保證公司收入來源，內部孵化人力、財力都是問題。會議還沒開始時，有位高階主管就開始說了：「我們到今天這樣的結果，都是因為當初你們選擇跟他們合作，如果那個時候咬咬牙挺過去，大概現在也不會有這麼麻煩的事情，我這人完美性格，批判性思考，實話實說，大家別介意……」，我趕緊與其溝通：「批判性思考是對內的，而不是對外的，我們在討論可行性時說可行性的問題，在討論執行時要討論可靠性，而不是一味的對別人的想法提出批判。」

這就是典型的批判性思考與指責性思考混淆。

### ●【批判性思考誤解四】批判性思考就是爭論輸贏

爭論是批判性思考表現的方式，但不能在之間劃上等號。在批判性思考之中的爭論，不是以輸贏為目的，而是以得出正確的方法與建議為目的。

諸葛亮「舌戰群儒」是為了說服孫權對抗曹操，是以「贏」為目的的論戰，是一場辯論性質的論戰。而企業內部的

爭論，不是辯論比賽，是為了共同促進企業的發展，即使爭論得「臉紅脖子粗」，也有共同的目標，不需要分清輸贏。

在爭論的過程之中，領導者與員工要懂得互相尊重，不能因意見不和而汙言穢語，擾亂團隊軍心，或者是用非客觀的觀點與片面化的證據與現象進行詭辯。特別是有一些口才十分了得的員工，在爭論時時常會以詭辯誤導他人，這不利於群體決策的正確率。

### ●【批判性思考誤解五】批判性思考要「以和為貴」

批判性思考實際上是一種理智的思維與美德，這要求企業全體要互相尊重、尊重他人的觀點、尊重多元。但這並不是意味著領導者要放棄對真理的明辨，不是去讓員工做一個「和稀泥」的人，從而維持企業表面上的安穩。領導者應該以客觀公正的態度，在這些想法與建議中進行判斷與選擇。

例如，在企業中有員工偷奸耍滑，即將做出危害企業利益的事情，要不要檢舉？在這種情況中，如果員工依舊堅持以和為貴，就是放棄了對公正與正義的堅持。

批判性思考不是簡單的以和為貴，而是明辨真理，堅守正義與公平的美德。

解開了對批判性思考的「誤解」後，企業就可以正式來了解究竟何為批判性思考？透過透澈的了解後，才能將批判性思考運用到企業之中，打造思考型組織。

## 3.2
# 什麼是批判性思考？

**思考要點**

**企業裡的很多問題不是簡單的非此即彼，非黑即白，如果我們要找到一個完美的解決方案，就需要讓自己擁有「批判性思考」的能力，對各種資訊、觀點（包括我們自己的觀點），能夠提出質疑，並做出自己的判斷。**

### ●【批判性思考的定義】別以為你真的懂「批判性思考」

首先批判性思考是一種判斷的能力，是對自我認知多方向探索的一種能力。

我特別喜歡吃火鍋，尤其是麻辣火鍋，喜歡從麻辣中去思考。有一次去一家火鍋連鎖品牌上課，課後一起走進他們自己的火鍋店。當毛肚之類的端上來之後，我就產生了疑問，為什麼毛肚下面有冰塊？工作人員答：需要冷藏，才能保證沒有異味。我又產生了疑問：那這個冰塊這次用完了會二次利用嗎？工作人員答：通常都倒掉了。我：（1）倒掉與沒倒掉我看不到，二次汙染的陰影可能還在我心頭。（2）有沒有方法不倒掉還能解除客戶的疑問呢？工作人員答：我們都是這麼做的。第二天課上我就提出：我們能不能在上類似於這樣菜品的時候，先把冰塊拿過去，當著客戶的面貼上保鮮膜，之後菜品再拿過去用夾子擺在上面呢？大家說：薛老師，太費事了，得需要多少服務生啊，成本太高了。我：但大家有沒有想過，這有可能就是你們店的特色，讓所有顧客都明白，我們家的冰塊不會產生二次汙染，冰塊費用你也可以節省一部分啊。後來，這家火鍋店還真的做了改進。只不過他們採取了更好的方式。

這個案例中我們可以看到，批判性思考就是提出假設：

1. 為什麼是這個樣子？
2. 為什麼不是那個樣子？
3. 有沒有比這樣子更好的方案？
4. 這個方案又存在什麼風險和機會？

之所以整個思維結構我把獨立思考和批判思考放到一起，原因就在於他們是相輔相成的，我們首先拋開經驗，駕馭獨立思考，不盲信真理，才可以進而進行對內批判，我還可以做什麼改善，還有哪些可能之類的思考進行創新。

## ●【批判性思考模型】解構思考元素

要培養自己和組織的「批判性思考」能力，我們首先要了解「批判」這個詞。

「批判」是指評價、評判，批判不是批評。在企業裡，因為「批判」這個詞會讓人誤以為是否定和質疑，所以很多人把「批判性思考」理解成負面的批評，這種理解是錯誤的，是需要轉變自己的認知的。

「批判性思考」，指的是透過假設和目的，解構自己的思考元素（即問題、資訊、觀點、概念、推理、意義），對自己所見到的資訊進行系統的評判，從而做出更好的決策和判斷。它是一種有目的而自律的判斷，是需要相應的思考技能的，這些技能是建立在一系列環環相扣的關鍵問題上。「批判性思考」的模型如圖 3-1 所示。

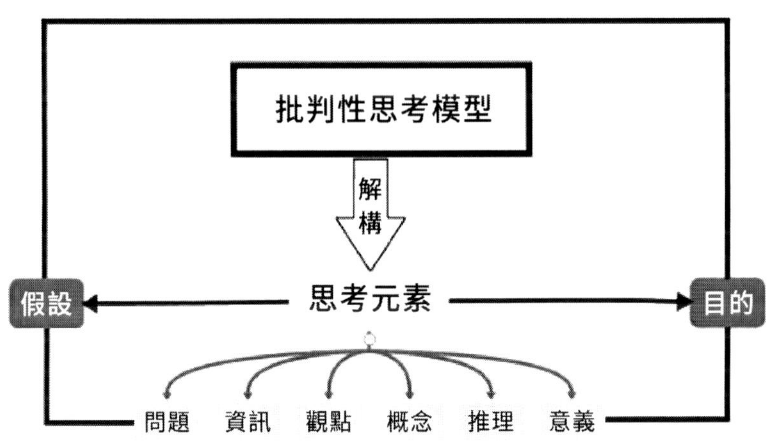


圖 3-1 批判性思考模型

這樣的解釋似乎有些學術性，如果將其翻譯成我們比較容易理解的說法就是：審慎的運用推理去斷定一個事物的真偽。

批判性思考是向內建構自己認知的思考方式。不只是資訊本身和他人的意見是我們「謹慎判斷」的對象，首先是對自己的意見和想法要「慎重思考」。

## ●【批判性思考案例】用批判性思考決定如何投放市場

本書所闡述的批判性思考不可斷章取義，比如在組織下達既定任務的時候，從下級角度進行批判是否執行是不可取的，而是要對內的批判思考，如何執行會更好。

有一家辣椒輔料廠商，年銷售額近 8 億元已經維持了 5 年之久，沒有突破。董事會決定成立一家子公司，專門生產並經營觀光景點產品。對於打開觀光景點管道，各方說辭不一。經過九伴 7 步共創 ® 經營工作坊的幾次運作，最後一致決定走管道代理模式，理由有二：（1）因原先只有生產製造業經驗，投入市場行銷成本不可預估，風險太大。（2）新公司的註冊得到當地相關部門支持，而本地觀光景點產品銷售代理商受當地政府部門引導，可在相對成熟市場進行大規模投放，引發連鎖效應，對發展本土特產有一定利益優勢。

### 增加觀點，思考「相反的意見」

在批判性思考中，觀點的多少非常重要 —— 觀點越多，越能清晰的了解事物。而增加觀點最好的方法，就是提出相反的意見。我們再以前面的「如何投放市場」為例說明。

原本的意見是「管道代理模式」，相反的意見就是「自主經營」。意見需要根據作支撐，相反的意見同樣需要根據。詳見圖 3-2。

原本意見：管道代理模式。

自己

| 根據 | 1、2理由。 |
| --- | --- |

| 根據 | 可挑達1-2個人流多的景區建立旗艦店，打造自主品牌，投入可接受，可進可退，並且不受下游分銷商影響。最關鍵的是長遠考慮，如果效果明顯，可立即反撲市場，增設門店。 |
| --- | --- |

| 兩者對比思考 | 兩者對比思考，比如：<br>——政府的支持力度有多大？<br>——管道維護經驗是否充足？<br>——旗艦店管理與品牌打造投入可承受？ |
| --- | --- |

圖 3-2 增加觀點，思考「相反的意見」示意

根據上圖，我們把自己能想到的「根據」全部羅列出來，然後與原本的意見進行對比加以評估，進而再謹慎考慮有沒有偏見。在進行反面的思考之後，你就能明白到底是管道投放還是自主經營。當然，這家公司最後選擇了自主經營，2019 年春節前我去度假，發現旗艦店已經有 10 餘家，產品也增至 40 多個種類，打響了本土品牌建立的第一步。

## 【互動練習】

培養批判性思考能力，首先就得訓練自己用不同角度去思考別人會如何看待這個問題，避免自己的思考陷入狹隘。請試著填寫表 3-1，了解你和你周圍的人在對「企業是否實行績效考核」問題認知上的差異。

表 3-1 自己和他人想法的差異

| 觀點 | 你的想法 | 管理者想法 | 下屬想法 | 老闆想法 |
| --- | --- | --- | --- | --- |
| 企業是否實行績效考核？ | | | | |
| 實行績效考核對自己有什麼影響？ | | | | |
| 績效考核能提高團隊執行力嗎？ | | | | |
| 績效考試該如何做？ | | | | |

## 3.3
## 一個簡單的模型，幫你建立批判性思考

**思考要點**

WYHI 思維模型就是將推理判斷的三大因素：對象、結論及依據分解為四個步驟，即明確觀點，確定來源；尋求理由與依據；判斷論證過程；多角度的進行觀察判斷。透過四個步驟，快速的培養領導者的批判性思考能力，為思考創新創造條件。

批判性思考就是對某種觀念與行為進行推理判斷，而推理判斷通常都會包含推理判斷的對象、判斷的結論以及判斷的依據這三大部分。因此從這三部分來對批判性思考進行分析，可以幫助領導者迅速的提升批判性思考的能力，從而打造思考型組織。

### ●【WYHI 思維模型】建立批判性思考

WYHI 思維模型將對象、結論與判斷這三大因素逐一分解細化，以更為清晰的思路，在短時間內的培訓中，幫助領導者快速建立批判性思考，提高批判性思考的能力。

WYHI 思維模型中的「對象」就是領導者，「判斷」是一個論證過程，包含尋找觀點的來源、取證、尋找依據。「結論」就是判斷的結果。使用 WYHI 思維模型，會在得出結果之後，

繼續判斷結果是否正確、是否具有可行性，然後找出需要改進的地方，最後再取證、得出結果。

因此 WYHI 思維模型是一個流動性強且循環的流程，並在循環中不斷的提升員工與領導者的判斷能力，建立批判性思考，促進思考型組織的培養與發展。

圖 3-3 WYHI 思維模型

## ●【思考小場景】WYHI 思維模型的四個步驟

### 明確觀點及其來源

某企業在推行早會之時，員工紛紛提出自己的想法。員工甲說：「每天都要開會，又不知道說什麼，而且會議上也沒有什麼建設性的意見，天天浪費時間在開會上面，長期這樣下去也沒有什麼效果。」

員工說的這段話雖然看似在抱怨，實則隱晦的表達了自己的觀點：希望取消每天的會議。領導者仔細思考了員工甲的建議，將每天的會議改為每週進行一次會議。

上述例子就是在從許多話語障礙之中，明確員工最本質的觀點與看法，從而避免判斷的對象出現錯誤。

領導者在得到員工的任何建議時，都需要先明確並分析其觀點是什麼，而後再究其觀點的來源。只有這樣，才能更好的去理解員工的建議與想法。如同議論文一樣，作者都會在開頭或者結尾點明主要論點，並闡述論點的大致來源，在結構上實現「總—分—總」的結構，讓讀者一目瞭然，不至於讀完還是一頭霧水。

對於已經在過去被論證過的觀點和建議，企業只需要判斷是否符合邏輯、是否適用於本次行動即可。但對於那些在原有的觀點上衍生出來新觀點、新建議，企業應該更加謹慎的對待，透過尋找其來源，判斷其是否會與當今的現實相衝突。這一步就是將複雜的事情簡單化，從根源上進行判斷。

領導者與員工可以透過以下問題，全方位的判斷觀點與建議是否具有可操作性：

這個觀點發表的管道是什麼？

提出這個觀點的人是誰？

提出這個觀點的人是否有相關領域的專業知識？

提出觀點的人與再次提出該觀點的人是否存在某種利益關係？

明確觀點其來源是 WYHI 思維模型的第一步，也是其他工作得以順利展開的先決條件。

## 釐清判斷的依據與理由

根據 WYHI 思維模型，批判性思維第二步就是問為什麼要提出這樣的觀點與建議，並為判斷提供理由和證據。

第一個以「飢餓行銷」為主要行銷方式手機品牌商 A，首先透過宣傳激發顧客的消費心理，其次運用限量搶購，提高知名度。這使品牌商 A 的銷售業績在市場上遙遙領先於其他品牌。

「飢餓行銷」是一個新觀點，支撐該行銷模式的依據是：

2011 年，品牌商 A 發售正好趕上傳統手機到智慧型手機轉換階段，市場需求量大，為「飢餓行銷」創造了條件。

當時其他的手機品牌還未成為超級大牌，市場占比分配比較分散，品牌商 A 可以快速的進入市場，沒有較大阻力。

品牌商 A 才剛起步，沒有資金自建工廠生產手機，只能依靠輕資產運作的模式，而「飢餓行銷」可以降低公司的資金周轉壓力。

以上就是支撐品牌商 A「飢餓行銷」的依據與理由。品牌商 A 在明確了依據與理由之後才將這一行銷模式放入實踐過程之中，最終通過了實踐的檢驗。

只有具有充分理由支撐的觀點的成功率才能極大的提升，否則觀點將只能是觀點，是空中樓閣，不切實際。其他領導者也是如此，只有找到足夠的理由與依據之後，才能進行判斷，才能看見這個觀點的價值。

充分的理由與依據是由若干個證據組成的，這形成了一個完整的證據鏈條。因此領導者要先判斷證據是否合理、是否真實。這需要企業從證據的來源出發，並不斷的問自己：為什麼選擇相信這個證據？是否有其他可以代替的證據？除了這些證據，是否還忽視了其他的關鍵資訊？一般而言，越是超越常規的觀念，越是要去收集證據，如果找不到證據，大多數都是不合時宜的觀點。

透過上述問題，明確證據真實可靠後，就可以對理由與依據進行判斷，透過層層遞進的方式做出最終的判斷，即是否採納這個觀點。這樣才能提高企業全體的批判性思考能力。理由與依據是企業做出正確判斷的先決條件，企業切忌輕視。

## 判斷論證過程

批判性思考第三步便是判斷論證過程是否有汙染，透過這一步驟可以降低結論的不可靠性。

論證過程就是提出一個觀點後，透過列舉證據證明觀點的過程。當理由與證據成為進行舉證的充分必要條件時，被證明的觀念才能基本上確立。

觀念是批判性思維的對象，而觀念又帶有個人傾向，因此從觀念延伸出觀點也會帶有部分的個人傾向，從而使觀點被汙染，形成情感偏差與證實偏差。而企業判斷論證過程，就是判斷舉證過程中是否出現這兩種偏差。

情感偏差就是領導者與員工在對不確定的事情進行判斷時，會無意識的根據自身的經驗、直覺進行判斷，這使其判斷帶有明顯的主觀性，很容易出現局限、偏頗甚至是錯誤。

而證實偏差通常就是領導者與員工只相信自己的所見與所得，並根據這些能夠證實的證據與理由，忽略其他的能夠否定這些觀點的資訊，甚至還會透過貶低其他員工的觀點，來捧高自己。這種證實偏差，往往被美其名日「對信念的堅定」，實際上只是自欺欺人罷了。

除此之外，企業還需要判斷論證過程中是否存在邏輯謬誤。常見的謬誤有訴諸感情、錯誤歸因、滑坡謬誤、訴諸虛偽等 24 種邏輯謬誤。

例如，前段時間在網路上掀起的熱議的一段經典語句：「兔兔那麼可愛，你為什麼要吃兔兔？」就屬於訴諸情感謬誤，這一謬誤就是用情感去代替邏輯，從而激起他人的心理波動的一種方式，是一種帶有欺騙性質的、不光彩的手段。任何不以邏輯為基礎判斷因素的判斷行為，基本上都屬於主觀性判斷，不能確定觀點是否成立。

福爾摩斯曾說：「本來是一個推理過程，但當原先的推理一步一步的被客觀事實給證實了以後，那主觀就變成客觀了，我們就可以自信的說達到了目的。」推理論證應該是以客觀事實為依據，而不是片面的、帶有主觀性質的證據。企業在做出決策之時，也是如此，需要透過客觀論證，才能進行具體的行動，這也是打造思考型組織的必經之路。

## 透過設問，換角度思考

問「IF」是在 WYHI 思維模型下，培養批判性思維的第四步，即企業透過設問回答，從不同的角度圖探知觀點是否正確、是否適用。

正如「一千個人中有一千個哈姆雷特」一般，每一個人看待問題、觀點的角度也不同，企業要想全方位的掌握觀點，就需要從他人的角度去觀察，從而實現思考的多元化，這也是批判性思考的要求。

例如，有一個企業的團隊在制定團隊目標時會進行目標宣講，在這一過程之中，員工會不斷的提出自己對已確定的目標的看法，思考在實現目標時可能會遇見的阻礙，在被證實後，就會對目標進行調整。這就是在培養員工的批判性思考能力。

其他領導者也可以透過集思廣益的方法，從不同的角度去發現觀點的另一面，從而做出最終判斷：是否採納該觀點。這一過程不僅提升了員工的批判性思考能力，還促進了具有創新性的觀點的湧現，為打造思考型組織創造條件。

WYHI 思維模型透過 4 個步驟的反覆循環，快速的培養企業批判性思考能力，雖然不能將判斷的錯誤 100% 的扼殺在搖籃裡，但能在最大程度上提高企業的判斷能力，促進思考型組織的形成。

## 3.4 如何成為自己思維的批判家

**思考要點**

領導者要想成為自我思維的批判家，需要保持思考獨立性、對世界的好奇心，用理智戰勝情感，用發問發現思維的發光點與漏洞，養成自我批判的習慣。領導者還可以透過閱讀，層層遞進，提升自我批判的能力，為打造思考型組織貢獻一份力量。

在企業的大環境之中，有領導者與企業培訓幫助員工培養批判性思考能力，除此之外也可以透過自我訓練提升自己的思考能力，從而提高自己的思維層次，這是提升自我價值的階梯。

如今批判性思考依舊是少數人的武器，能將這把武器運用得爐火純青的人物，必定不會平凡。批判性思維對外是武器，對內是助力。領導者與員工可以透過以下成為自己思維的批判家，不斷提升自己思考能力，解決工作中的「攔路虎」，為自己創造更美好的未來。

## ●【要點分析】自我批判的四項基本方法

人與其他動物最本質的區別就在於人有思想，而動物沒有。平凡的人與優秀之人的區別，在於優秀的人具有批判性思考，能夠成為自己思維的批判家，而普通人的思維層次還較低。因此，要想更優秀，就要向內審視自己。

### 保持思考獨立性

本書將獨立思考與批判思考放在思考的第一層是有依據的。

在資訊「碎片化」的時代，每天都有人試圖改變他人的認知與信念。例如，行銷公司會用病毒式的方法散播訊息，為他人「洗腦」，並且效果較為明顯。

例如，還有一些商家為了刺激消費，鼓吹女性即使沒有錢也要對自己好一點，在這樣的觀點的影響下，許多女孩開始「裸貸」去消費奢侈用品。據報導，「裸貸」的女孩有一大部分都是大學生，知識素養較高，但是因為沒有判斷能力，經不起誘惑。

所以首先能夠保持獨立思考是提高判斷力的重要條件。不僅是領導者，我們每一個人都應該在接受他人的觀點之前，多問自己：「誰在說真話，誰又在說假話？」、「是我的認知錯誤，還是別人傳遞的觀點錯誤？」、「這個觀念為什麼是正確的或者錯誤的？」等等。

在不斷提問與回答的過程之中，就是在不斷的提高自身的獨立思考能力和自主掌握能力，從而提升批判思考能力。

## 對世界保持好奇心

居禮夫人曾說：「好奇心是學者的第一美德。」這句話適用於每一個人，好奇心是每一個人的美德。領導者如果能一直保持好奇心，就不會對工作感到無聊，會不斷的探索，提出具有創造性的建議。

我去過一家以美食為主要影片內容的創作團隊，他們每一個人都對世界保持好奇心，總會有一些幽默而古怪的點子產生。某天，其團隊中的一人，在看見電風扇轉動時，就聯想到「爆米花雨」，於是改造烤火爐製作爆米花，並透過對電風扇的改造實現「爆米花雨」，讓觀眾嘖嘖稱奇。他們的團隊也被網友稱為「除了做飯，什麼都會的美食創造者聯盟」。

該團隊的主要工作就是製作美食，但如果只是做飯，自己很容易就會喪失對工作的熱情，更使觀眾產生審美疲勞。如今因為團隊的好奇心，團隊成員總能在工作中發現新奇的創意，從而獲得大量粉絲的關注，實現流量變現。

其他的領導者與員工也可以透過保持好奇心來進行創新，也許並不能每時每刻都迸發出創新的靈感，但能提高自己的思考能力，為自己的判斷提供更多的可能。

## 戰勝情感，堅持交流

這裡提及的「情感」並不是單純的指向喜怒哀樂等情緒感覺方面，而是偏向認知、經驗、價值觀等深層次的方面。這裡的「情感」與我們在上本書《思考型組織》中提及的從產品對客戶的情感、功能、社會價值是一個道理。一個有吸菸需求的人，可能他的需求不同，有的人單純就是有菸癮，靠香菸提神，這是功能需求。有的人發現身邊的朋友都吸菸，為了保持與大眾結合，他拿著香菸，有人就吸，沒人不吸，這是情感需求。假如今天你去參加一個酒會，那裡的男人為了彰顯社會地位，都拿著不同的香菸或雪茄，這就是社會價值需求。

千人千面，即使是在相同的文化環境之下，每個人的經歷也都各有不同，基於這些經歷建立起來的認知、價值觀等也有差異。領導者應該真誠的去承認差異的存在，而不是自欺欺人，這是成為自己思維的批判家的前提。

當領導者提出一個觀點之前，首先需要考慮自己觀點的合理性，這可以透過上文中提及的 WYHI 模型來實現。當反駁一個觀點之前，需要審視自己是因為個人的喜惡而反駁，而是因觀點本身存在問題而反駁。批判其他觀點的前因，決定了本次反駁是否是批判性思考的結果，是否是客觀理智的成果。

因此，領導者應該保持開放的心態，以客觀理智的態度去對待每一個觀點，並去改正自己的偏見與錯誤的認知。

除此之外領導者還需要堅持發問，不管是對自己還是對別人，自己的認知總會有局限，透過他人的看法來反思批判自己的觀點，是一種有效打破局限、發現盲點的方法。這一過程之中，發問只是發現其他思維的發光點的過程，而不是爭論輸贏的過程，要以理服人，不以詭辯取勝。否則，即使勝利也是在自我催眠與欺騙他人，並不能真實的對自己的思維進行批判。

### 養成思考的習慣

養成思考的習慣，需要長期的堅持、反覆的練習。例如，當某一個員工說出自己的看法後，其他員工經常會問：「你這句話是什麼意思？」這就表示此次的發問基本上無效，因為有一方沒有思考，只在等待提出看法的員工繼續陳述。

具有獨立思考的領導者在面臨這些問題時，會避免「心電感應」，會透過自己的分析與理解，說：「我明白你的意思，但這中間可能還有一部分缺漏，缺少……」領導者在面對任何觀點時，都應該保持這樣的思考習慣，從而可以不斷的發現自身思維存在的弱點，有針對性的提高自己的判斷能力。

除了在面對他人的觀點時需要注意習慣，領導者在自己提出觀點時，也要注意培養習慣。在提出觀點之前，不斷的做出假設堅守觀點的漏洞，思考自己表述觀點的話語中是否含有語義不明之處，並及時調整。在提出觀點時，要避免使用能激發出其他員工強烈的情感波動的詞語或語氣，使其他員工被情感綁架，不能客觀的判斷觀點，使交流無效。

### ●【思考小場景】透過讀書提升對自我思維的批判能力

我授課過程中對多家企業的領導者進行過訪談。其中一位非常成功的領導者認為：「讀書無用」是那些已經透過讀書獲利的人設置的陷阱，目的就是為了減少未來的隱藏的競爭者。

這位領導者還說，如今有很多年輕人內心浮躁，不肯靜下心來仔細鑽研，想一步登天。但一步登天也需要有累積，就像鯉魚躍龍門之前，會經常躍出水面，練習跳躍。因此只有量變的累積才能最終達到質變。

在訪談結束時，這位領導者還呼籲大家多去讀點書，這能夠打開思維、擴大自己的心胸與見識。我個人也非常認同他的觀點。

正所謂「書中自有顏如玉，書中自有黃金屋」，讀書不僅能夠提升自身的知識素養，還能訓練自身的思考，這是祖祖輩輩留下的智慧結晶。讀書與領導者在閱覽觀點、做出思考與判斷有異曲同工之妙。領導者可以透過讀書提升思考判斷能力。

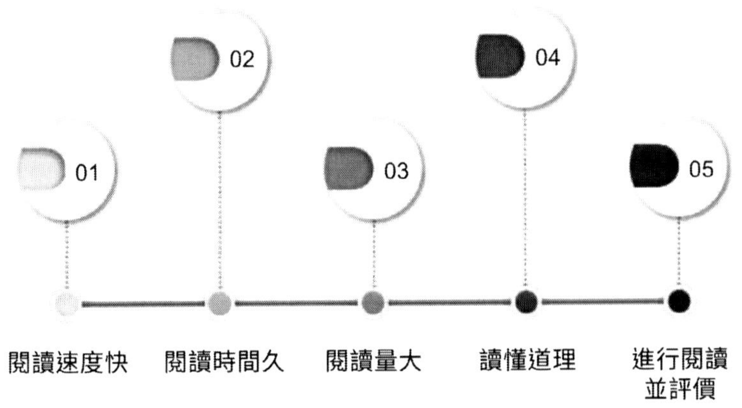


圖 3-4 閱讀的五大類型

閱讀的五大類型也代表著閱讀的幾個層次與階段，不同層次的閱讀，對領導者與員工的思考能力的提升程度也有所不同，對自身思維的批判程度也有深淺之分。

閱讀時間、閱讀速度、閱讀量這三個層次對應著思考的第一階段，在這一階段裡，領導者與員工的思考內容為：

這本書的主要內容是什麼？闡述了怎樣的觀點？

書中的重點是什麼？大致框架結構是怎樣的？

在書中，作者提出了那些問題？這些問題是否都得以解決？

如果是自己面臨這樣的問題，會做出怎樣的決定？

第一階段還處於簡易的思考階段，主要圍繞作者，即觀點的提出者進行思考，從而明確觀點與觀點的構成，促使領導者與員工實現思想上的萌芽。

讀懂道理屬於閱讀的第二階段，此時領導者與員工應該了解作者是如何寫出這一本書的？具體的操作方式如下：

找出重要的章節、段落、句子、詞語等，並從中找出主旨內容。

在這些重要語句的關聯之中，明確架構整本書的邏輯。

嘗試透過這本書，與作者在某一方面達成某種共識。

找出作者還未解答的問題，並嘗試去思考這些問題的解決辦法。

處在這一階段的領導者，在透過對全書宏觀與微觀的全面掌握，從中發現一些問題，並用自己的思考成果去試圖解決這些問題。對根據作者的思路思考的比例在緩慢降低，而從自我思維出發進行的思考的比例在逐步增加。這就是在透過其他的觀點引發自身的思考。

閱讀且評價是最高層次的階段，是一個拔高式的訓練階段。領導者與員工在與作者的觀點衝突時，可以重點劃出這一部分內容，並在空白之處寫下自己的看法與建議，等閱讀完整本書，並全面掌握整本書的內容後，將自己記錄下來的觀點與作者的觀點進行對比，判斷自己的觀點與作者的觀點是否存在漏洞，還可以查閱其他資料來作證判斷。

領導者可以透過讀書，在閱讀的三個階段這種針對性的培養自我批判的能力。透過作者的觀點刺激出自我的思考；透過深入閱讀，得出自己的觀點；透過全面掌握書中重點，進行自我批判。透過不斷的閱讀，成為自我思維的批判家，從而促進思考性組織的誕生。

## 3.5
# 批判性思考的養成從「學會提問」開始

**思考要點**

**找到支撐觀點的理由，判斷一個觀點的價值，這是批判性思考的思考過程。在這一過程中，領導者可以透過「海綿式思考」、「淘金式思考」提出問題，明確觀點本身與支撐觀點的理由。並據此做出判斷。從而不斷的提高批判性思考能力。**

### ●【思考小場景】不會提問就會吃力不討好

我遇到過一家企業領導者在企業內部設置了匿名的「老闆信箱」，目的是為了讓員工大膽的說出自己的想法與建議，有許多員工都透過這個方式，來提出自己的想法與建議，甚至是發牢騷。

這一信箱為管理者帶來許多工作，每天都會有信堆積下來。員工在信中提到的每一個想法與建議，都需要領導者去思考、去判斷，工作量龐大。在判斷時，有時還不能理解信中具體的觀點，而由於是匿名信件，領導者又無法與提出這一觀點的人進行討論。最後，「老闆信箱」因效果不明顯而被取消。

以上場景中描述的方法雖然能夠幫助企業全體培養批判性思考，但耗費的精力龐大，這對於微小企業來說具有可行性，但對於大企業來說是吃力不討好。

批判性思考要求企業全體人員能夠對自己的所見所聞做出回應，做出判斷與選擇，篩選出那些具有創新價值的觀點與想法，或者是為自我判斷提高全新的視角，進行更為準確的自我判斷。

但隨著「碎片化」資訊的比例不斷增大，資訊獲得的管道不斷增多，領導者與員工每天獲得的資訊量劇增，甚至還有媒體進行資訊轟炸，強制灌注觀點與想法，讓人無法選擇。此時，就需要多透過提出問題，將這些資訊與觀點系統性的進行分類，保持自我，保持理性。

培養批判性思考要求領導者與員工在提出問題的過程之中，找出關鍵問題，主動利用關鍵問題，培養提出與回答關鍵問題的能力。

### ●【要點分析】尋找問題的兩種思考模式

找出關鍵問題是進行批判性思考的前提，而尋找問題有兩種思考模式：即海綿式思考和淘金式思考。

#### 「海綿式思考」

「海綿式思考」就是進行大規模的廣泛閱讀，收集大量的資訊，為複雜的思考打下堅實的基礎。然而運用這類模式，可能會面臨無法取捨的狀況，更有甚者還會被這些資訊洗腦，失去自身的觀點。

海綿式思考通常都是先收集資訊，再進行篩選，比較被動。在完成收集後，可以透過設問，找出真正需要的資訊。

運用「海綿式思考」時篩選關鍵問題時，可以從以下的設問出發：

我是否有觀點？我的觀點是什麼？

我需要那些方面的資訊？

尋找到的資訊是否真實可靠？

我尋找這些資訊是為了證明自己觀點，還是完善自己的觀點？

這些資訊是否可以實現我的目的？

透過設問回答，領導者與員工可以將資訊收集的範圍逐步縮小，然後再去考察資訊的真實性。這樣基於大量資訊的判斷，會降低判斷失誤的機率。當然這類思考模式需要花費更多的精力與耐心，才能達到自己的目標。

### 「淘金式思考」

「淘金式思考」比「海綿式思考」的目的性更強，是主動的選擇需要相信的資訊或者需要忽視的資訊。在收集資訊時，有這樣一份提問清單：

其他人為什麼要讓我相信他的觀點與想法？

我是否已經將其觀點與想法中記錄了下來？

我對其他人的想法與觀點是否持有客觀公正的態度？

基於其他人合理的觀點與想法，我是否可以形成自己的結論？

淘金式思考能夠幫助領導者與員工快速的找到關鍵問題，

且花費的時間與精力也更少。

以上兩種思考模式都可以透過提出問題，培養批判性思考，且各有千秋。但在運用這兩種思考模式之前，最好先判斷是否有必要對這一觀點進行判斷。

每個人每天產生的觀點眾多，其中無效的觀點占據大部分，如果對每個觀點都一視同仁，進行判斷，完全就是吃力不討好。

## ●【思考模式的運用】需要提出的兩大問題

根據以上兩種思考模式，可以從觀點本身，或者從支撐觀點的理由出發，從而明確批判的對象，做出最正確的判斷。

### 論題是什麼？

論題就是要明確觀點的內容與其表達的意思。在議論文中作者會直接提出自己的論點，能夠使讀者快速的抓住重點。雖然事實與寫議論文不一樣，但在一般情況下，領導者可以根據論題的種類與特徵尋找論題。

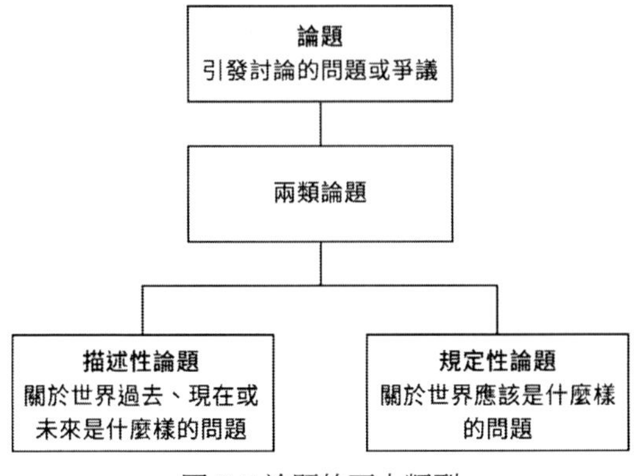


圖 3-5 論題的兩大類型

但在大部分情況下，許多領導者面臨的問題、觀點都被隱藏在事件之中，很難發掘。此時，就需要透過尋找結論來確定論題、觀點。

他提出的建議包含的主要觀點是什麼？

他希望我相信什麼？

這兩個問題的答案就是結論。一般而言，結論需要其他的觀點來支撐。在沒有支撐的情況下，對某件事情的斷言不是結論，而是純觀點。在事件的描述中或者是觀點的陳述中，通常會出現結論的指示詞，例如「因此」、「表示」、「問題的本質是」、「由此可知」等。根據提示詞可以快速的找出結論。

結論出現的位置通常也比較固定，員工通常在提出建議與觀點時，都會將其放在描述的開頭或者結尾，方便其他人了解自己的想法與觀點。但值得注意的是，例句、資料、背景資料等只能作為支撐結論的資訊，而不能成為結論本身。

透過上述內容，領導者可以快速的定位其他人員的觀點與想法，以至於不會會錯意，對錯誤的觀點進行錯誤的判斷。

## 理由是什麼？

如果將觀點看成一棵大樹，那麼理由就是發達的根系，為大樹不斷的輸送養分，支撐起整棵樹的生長。沒有根系的樹，逃不過枯朽的命運；沒有理由的觀點，經不起檢驗，只會被淘汰。只有找到支撐結論的理由，才能判斷一個觀點的價值。

尋找理由支撐觀點的過程就是論證過程，有兩個特點，即：論證必定有目的，品質有高低之分。在論證過程之中，可以提出這樣的問題來輔佐論證：

提出這個觀點的人為什麼會相信這個觀點？他有哪些理由？

這些理由是否是其在理屈詞窮之時胡編亂造的？

在進行論證之時，還需要避免一廂情願。這就需要領導者不斷的問自己：「到底是我主觀上堅信這個觀點是真的，還是客觀上真的是真的？」

2018 年年末，A 品牌手機產品線的最高決策人在發表會上表示：A 品牌手機 2019 年的發貨量目標預計在 2.3 至 2.5 億支。並且「2 億支只是一個起點，我們後續會進一步改進產品和服務，未來實現更高的發貨量。」但這並不意味著，A 品牌追求目標，而不顧市場的反映，2019 年的銷量也將會隨著市場的波動，進行不斷的調整。

上述實踐中，A 品牌制定的目標就是一個觀點，支撐其目標的理由就是市場反映的銷售資料情況。在企業中，資料往往比道理更加令人信服，因為以資料作為判斷的理由往往更為客觀、理性。

在企業之中，領導者可以讓員工們在討論時，帶上紙與筆，記錄他人提出的建議，並透過對自己提出問題、回答問題了解，形成一個清晰而完整的思路，從而在最大程度上剔除干擾因素，做出最正確的判斷，不斷的培養員工的批判性思考能力，打造思考型組織。

## 3.6
## 批判性思考的 4 個層級，你到達哪一層了？

**思考要點**

是否能夠反思自身的思考方式，是判斷一個人是否具備批判性思考的根本方式。批判性思考的層級劃分為：思考反思階段、思考起點上升階段、行動提升思考階段、行動與思考統一階段。領導者可以根據每一個階段的不同表現特徵來判斷自己的思維層級，並針對弱勢層級進行訓練。

### ●【思考小場景】思維層級太低，就不懂得運用知識

批判性思考不僅是對觀點進行判斷、批判的思考方式，還是一種反思思維的思考方式，是當代社會選拔頂尖人才的一項重要指標。

據喬治·安德斯（George Anders）的調查，各大知名企業在重要職位的徵才上，特別是對那些有十萬美元年薪的工作職位，都會有這樣一個要求：具備較高層次的批判性思考。從這裡可以看出批判性思考對一個人來說十分重要。

韓寒為《後會無期》的電影海報寫的標語——「聽過許多道理，依然過不好這一生」，這一句話充滿了韓寒式的哲理，激發了觀眾強烈的情感共鳴。在辭職後，經常有人用這句

話自我調侃。但往往大多數人都是一笑而過，很少有人去思考：為什麼我懂得了這麼多道理，卻依然過不好這一生呢？

對這一問題的思考就是在運用批判性思考，是對自我思維進行的反思，透過對自我的評判，了解自身的薄弱點，並判斷自身批判性思考能力的高低。

但批判性思考是抽象的，無法用具體的事物去衡量，那麼如何去判斷自己所屬的思維層次呢？雖然沒有具體的衡量指標，但能夠根據各個層次的不同特徵，將批判性思考分為四個層次，來判斷自身的思維層次。

## ●【批判性思考的四大層級】判斷自己的批判性思考的層級

### 層級 1：具備思維反思意識

思維反思意識就是反思自己的思考方式是否出現缺漏。這種意識並不是生來就有的，而是在後天經過培養與訓練得到的，甚至有人一生都沒有意識到自身思維的缺陷，不具備思維反思的意識，也就是不具備批判性思考。

因此判斷自身是否具有批判性思考的實質，就是判斷自己是否具思維反思的意識。

例如，上一代喜歡的是「鐵飯碗」一類的工作，有穩定的收入、環境與人際關係。與其他的工作相比，有更好的保障。

但如今市場局勢在不斷的變化，穩定對於變化而言就是退後。但大部分上一代父母仍然希望子女根據他們的人生軌跡，安穩的過完一生。

這樣的思維，就是不具備批判性思考的表現，在束縛自己的同時還會企圖去束縛他人。沒有批判性思考往往以自我為中心，認為自己的信念與決定都是正確的，不能準確客觀的評判認知。即使自我的認知受到衝擊時，也會採取各種方式催眠自己、欺騙自己。

也許有人已經意識到了自己思維的固化，但還是不願意去改變自己待人處事的習慣，因為這樣可以使自己處於思考的「舒適圈」內，帶有強迫性質的讓周圍的人與物都以自己為中心，滿足自己的內心訴求。

因此意識到自己的思維存在誤區，還要願意去改變，才能真正的獲得批判性思考。

但隨著網際網路的發展，人們獲得知識的管道實現了多元化，可以迅速的獲得大量的資訊。因此在這種環境中成長的年輕一代，更容易覺醒批判性思考，在網路上了解到對同一問題的不同看法，從而不斷的反思自己的看法與觀點。

例如，他們對公職工作的看法發生了改變，有的認為在公職工作就是「溫水煮青蛙」，會不斷的喪失拚搏的勇氣與終生學習的動力，不利於個人的長遠發展。而有的人則認為，公職工作能夠有保障，也會有各種貸款福利。他們會根據自身的情況做最合適自己的判斷與選擇。

意識決定行為，行為影響了結果，沒有正確的意識導向，獲得的成果也將出現偏頗。擁有反思自我思維意識的人，往往能夠做出最適合自己的行為，得到預想中的效果。這樣的人往往有以下特徵：

會刻意的去分析、評價自己的思維。

會不斷的研究心智結構，並據此分析自己的心智結構。

在交流中發現具有高層次思維的人的優秀特質，並向他們學習。

例如，許多領導者經常會借鑑成功創業家的創業經驗，並找出他們身上的發光點，並積極的向他們學習。

當然處在這一層級中的人，雖然已經有了批判性思考，但仍然會依賴成功的經驗，實行「下載式」思考模式，在認知與判斷上還存在缺陷。如果領導者想要打造思考型組織，光停留在這一層級上還遠遠不夠，需要繼續提升。

## 層級 2：思考起點的提升期

處於第一層級的思維，其思考的起點很低。例如，當企業某一部門的業績下滑時，領導者會反思是否是自己的管理方式出現了問題等。但思維處於第二層級的領導者會思考：如果是我的管理方式出現了問題，我應該採取什麼樣的補救措施？

批判性思考的一、二層級主要是透過思考的起點進行區分。第一層級思考的起點是問題的來源，第二層級思考的起點是解決問題的辦法。從第一層級向第二層級過渡，可以實現思考起點的提升。

處於第二層級的領導者在思考模式與信念方面會經常受到

衝擊與挑戰。每一個人的思考方式與習慣都是在其所處的文化環境、生活環境與學習環境中形成的，帶有明確的個人特色與地域、文化特色。但又因為在接受快速發展的資訊時，受到衝擊，並逐步的改變自身的思考習慣。

領導者可以根據以下第二層級的人群特徵，來判斷自己是否已經進入了批判性思考的起點提升期：

時刻注意那些能夠在推理過程中發揮作用的要素。例如聽見一個觀點時，會下意識的對這一觀點的目的、理由、存在的問題等進行分析。

開始對反思自我思維的過程進行反思，並逐步認識到其中的價值。

在反思的過程中，還不能熟練而精準的使用批判性思考能力，還需要進行長期的、反覆的訓練。

處於思考起點提升期的領導者，會在反思自我思維的反思過程之中，產生清晰的思路，提升自身的邏輯能力，獲得對邏輯性、公正性、精細性、關聯性等的深刻認識，並會透過刻意的練習來提升自身的思考能力。

### 層級 3：用行動提升思維

領導者應該要明白這樣一個道理：知識與道理，如果沒有融入到思維層面，那就只是看到了道理與知識，而不屬於自己。只有深度了解掌握的知識與道理才屬於自己，才能運用到具體的行動之中。

懂得將道理與知識融入到自己的行為之中，是處在批判性思考層次的第三層級，相較於第一、第二層級，其思考的起點已經不再局限於問題本身與解決問題的方法，而是透過判斷，用具體行動去解決問題。這一層級的重點也轉向為：如何將這些道理與知識融入到自己的管理行為之中？

那麼領導者究竟如何才能將自己的批判性思考能力拔高至第三層級呢？不斷的、反覆的練習是最有效也是最根本的方法。「好記性不如爛筆頭」，練習與實踐可以將知識與道理反覆的融入到具體的管理行為之中，將其效用發揮出來，成為自己思維的一部分。這一過程就是知識與道理的內化過程。

內化的過程雖然是一個長期堅持練習的過程，有具體的練習方法，透過以下的練習方法，不斷轉變、提升自身的思考方式與習慣。

「吾日三省吾身」可以讓領導者更為清晰看出自身思考的變化過程，激勵領導者有意識的去改進自身思考模式。例如，每天在睡覺前問自己：

今天，我最棒與最糟糕的思維分別是什麼？

今天我思考了那些問題，都得出結論了嗎？

今天我是圍繞目標來進行工作的嗎？

今天我的工作任務完成了嗎？完成的效果如何？

今天我將看過的知識與方法運用到工作之中了嗎？

如果可以重新開始，我的行為會和原來的軌跡重合嗎？

如果未來我都這樣度過會變成什麼樣子？

透過對自己的反思，尋找到自己的弱勢思維，判斷自己是否已經將自己收集到的資訊與方法融會貫通，從而提升自己的轉變思維的意識。

透過「省吾身」發現問題，然後各個擊破，領導者可以將自己反思後尋找到的問題記錄下來，並每天解決一個。領導者可以選擇一個較為空閒的時段，例如中午，然後將問題由簡到難逐一排列，從最簡單的入手。在解決問題的過程之中，領導者首先需要明確這個問題的要素，並明確背後的邏輯關係，然後系統性的、從整體的角度去思考問題。

這個問題的本質是什麼？

我為什麼會將其視為一個問題？

領導者用行動提升思維，就如同學生的題海戰術，用練習加深自身對知識的記憶，並形成反應，在下次遇見同種類型的問題時，可以快速的做出反應，避免再次掉入思維邏輯的陷阱。

達到批判性思考第三層級的領導者，往往已經可以下意識的對自己與他人的觀點進行批判，並且有理有據，正確率較高，這就是熟能生巧。並且為領導者進入第四層級提供源源不斷的動力。

## 層級 4：思維與行動達到統一

領導者經過不斷的訓練，效果越發明顯，具有創造性或者是深刻見解的思維已經完全取代固有思維的地位，成為大腦認可的優先使用的思考方式。

在這一階段，批判性思考甚至已經成為天性，不再需要刻意的進行練習，就能實現將那些已經融入到思維層面的知識與道理，透過行動展現出來。此時的領導者已經成為一個十分理智、通透之人。

曾經有培訓課將「把梳子賣給和尚」這一事件作為培養批判性思考的案例：

某梳子商人在一座名山古寺遊玩時，發現許多香客因山高風大而頭髮凌亂。於是該商人找到住持說：「儀容不正，是對佛祖的不敬，可以在每個香案上放上一把公用的梳子，供香客們整理儀容。」住持聽後，覺得十分有理。最後根據香案的數量向商人買了 7 把梳子。

這一案例，試圖用一種全新的角度，讓領導者學會批判性思考，但是實際上這個案例只能引導領導者到覺醒批判性思考，而不能提高思維層次。因為衛生問題，大多數香客都不會使用公梳梳頭，這樣的批判性思考並不能解決實際問題。

處於第四層級的領導者，可能就會放棄將梳子賣給和尚，而是會選擇與寺廟合作，開設賣梳子的攤位，誠心而來的香客必定不會吝惜這十幾塊錢。

稻盛先生是日本的「四大經營之神」之一，為了突出思考方式的重要性，列出了這樣的方程式：結果＝思考方式 × 努力 × 能力，其中努力與能力的區間為（0，100），而思考方式的區間卻是（-100，100），其範圍包含的數值是努力與能力的總和。

因此，領導者應該重視思考方式的轉變，透過培養自己與員工的批判性思考能力，提升思維層級，從全方位打造思考型組織。

# 3.7 批判性思考的建構步驟

**思考要點**

批判性思考已經逐步成為衡量優秀人才的一個重要指標，建構批判性思考已經刻不容緩。領導者可以透過明確表達觀點、收集資訊、運用資訊、考慮結果、尋找「互補商品」這五個步驟來建構批判性思考，打造思考型組織。

## ●【建構批判性思考案例】建構批判性思考刻不容緩

林小海是 A 公司零售類事業部的總經理，制定了這樣的目標：部門在 2019 年要實現涵蓋 150 萬家小店的目標。縱觀其提出觀點可以看出，表達明確的觀點，需要出現對象、具體目標以及達成時限。這樣的觀點才能一目瞭然。

林小海還根據目標與收集的資訊，將零售平臺上的小店分為 3 個層級，每個小店的側重點、特徵不同，制定的方案與措施也不同。月採購額在 30,000 元以下的小店，主打價格便宜，售後品質高；月採購在 30,000 至 100,000 元的小店側重業務推廣、促銷；月採購額超過 100,000 元的小店，側重於業務分析、產品類型推薦，或者數位化合作等。

林小海在制定目標時，不斷的對目標進行判斷，將目標連結到現實之中，用數字去論證目標的可行性。

但傳統的「中庸之道」在一定程度上阻礙了批判性思考的覺醒與提升，再加上近代教育只在表面上進行推理論證的教學，就連培養學生邏輯能力與批判性思考的議論文都有固定的寫作模板。

這使一部分人的思維更趨向於保守，而不是向外打開，真正懂得熟練運用批判性思考能力的人很少。而那些具備批判性思考的能力的人往往有更好的發展空間，因此建構批判性思考刻不容緩，可以透過以下 5 大步驟快速的實現建構目標。

## ●【建構方法】建構批判性思考的 5 大步驟

### 第一步：明確的表達自己的觀點

每天，每個人都會接收到各種觀點，但沒有時間與精力去全部判斷這些觀點。那些表述不明、語義不清的觀點，有很大可能被直接無視、或者被篩選掉。因此建構批判性思考的第一步就是明確的表述自己的觀點。

領導者不僅代表著自己，還代表著企業，是企業的「大腦」，負責做出判斷、傳達決策。因此領導者明確觀點就是明確自己要採納的建議、明確自己的決策、明確企業的目標。

在表達自己的觀點時，可以運用 SMART 法則先對觀點進行自我評判，判斷觀點是否符合特徵，只有符合這些特徵的觀點才是明確的。上述 A 公司零售事業部提出的目標觀點，是根據 2018 年的成果以及市場實際情況指定的，即：部門完成涵蓋 100 多萬家小店，GMV 實現了三倍成長。

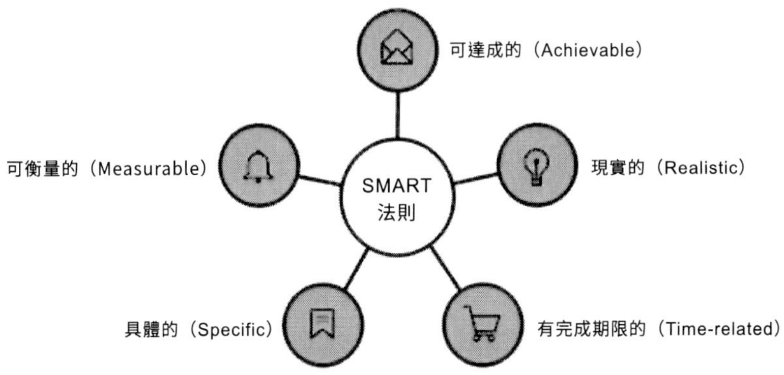


圖 3-6 SMART 法則

其他領導者在表述自己的觀點前，需要評判自己的觀點是夠具有可操作性，是否是基於現實而來的？雖然提出的觀點不可能十全十美，沒有一點缺陷，但領導者可以透過 SMART 法則進行自我評估，不斷的培養自身的判斷能力，提升選擇的正確率，這就是建構批判性思考的第一步。

## 第二步：收集資訊

透過明確觀點後，領導者已經明白什麼樣的資訊才是對目標觀點具有價值的資訊，因此在制定具體方案時會根據目標來收集資訊。

在上文中，林小海明確了部門的目標，那麼他就需要圍繞「怎樣實現涵蓋 150 萬小店」這一目標來選擇資訊，如 2019 年的零售市場波動預測資訊、零售產業在 2018 年仍未解決的問題、零售是否可以和其他平臺進行合作等資訊。透過對這些資訊的收集分析，制定出對實現目標最有利的方法與計畫。

其他領導者在根據觀點收集資訊時，可以提升自身對資訊的篩選判斷能力，選擇出最能促進觀點、目標實現的資訊。篩選資訊的過程就是批判性思考逐步建構的過程。

**第三步：資訊的運用**

在上文關於林小海的案例，他在這一過程中，時刻接受回饋，發現計畫安排中是否存在不合理的地方，並及時的進行調整與改進，這是 A 公司零售事業得以成功的關鍵所在。

A 公司製作的計畫與方案就是對資訊的運用過程。其他領導者在運用資訊的過程中，需要不斷的進行反思自己的計畫以方案中是否存在不合邏輯之處。

透過逆向思考進行分析、反推，是發現不合邏輯之處的有效方式。領導者可以透過假設，然後注意有問題之處。例如，領導者為了實現 100 萬的銷售量，制定了用網路商店發展下線、用社交平臺製造話題等多種方式。領導者就可以反向推理，問自己「如果用社交平臺製造話題，成功的機率有多大？根據目前的流量與宣傳方式，實現目標預計需要多長的時間？」等問題，一一排查邏輯不通之處。

## 第四步：對結果進行思考

思考結果本質上是運用資訊的延伸內容，通常情況下可以一起進行。思考結果就是判斷運用資訊的方式可能會導致的結果，一般而言結果分為成功或正面影響、失敗或負面影響兩種。

例如，某領導者制定了一個鼓舞士氣的方案：每天上班前進行半小時的活動——跳舞、做操、小遊戲等。領導者在使用這個方案時，就會思考：如果成功，是否能提升激發員工活力，提高效率；如果失敗，是否會浪費員工的時間，讓工作內容越積越多，喪失工作的熱情。

在對結果進行思考之後，領導者就會更加謹慎的去使用這個方案。即使使用，也會在運用的過程中，不斷的收集員工的回饋資訊，進行思考分析，做出調整。

## 第五步：探究「互補商品」

在商品市場中，雞肉是鴨肉的互補商品，且互為替代品，是滿足同一種需求的兩種商品。探究其他方案，就是尋找該方案的「互補商品」，判斷是否有其他的途徑能夠更好的實現目標，能夠替換目前的方案。

依舊以領導者制定鼓舞員工士氣的方案出發，領導者在發現晨間活動的效果不明顯後，還可以尋找其他方案，例如透過提供下午茶，讓員工放鬆自己、調節自己的心態，從而達到鼓舞士氣的目標。

探究「互補商品」為領導者提供了達到目標、解決方法的另一種可能，以便領導者能在眾多的方案中，篩選並選擇最適合企業現狀的方法與措施。

以上就是建構批判性思考的五個步驟，在本質上就是提出問題（目標）、尋找解決問題（實現目標）的資訊、制定並選擇最終方案的過程。

領導者透過這樣的批判性思考建構的過程，謹慎分析現狀，尋找隱藏的問題，做出最終判斷，將領導者從被動解決問題轉變為主動狀態。這是領導者打造思考型組織的必經之路。

至此，我們完成了第一層的思考，即獨立思考與批判思考，這兩個思考是決定領導者是否能夠引領組織創新的根基，也是展開下一層次修練的根基。

# 第 4 章

## 全局思考：
## 不謀全局者，不足謀一域

我們看到的森林，有可能只是一片樹葉，看到一片樹葉就做出判斷，導致了無法挽救的悲劇，傳統的思考習慣，從分析事物開始，從中推導出事實和真實情況，但是事物並非只看到了事實就可以了，即使是看到了事實，也看不到目的、整體、相互關係，不能僅憑看到的一葉就去思考森林，全局思考在於萬物一局，就是萬物皆歸於一個局勢之中。

## 4.1 什麼是全局思考？

**思考要點**

「既見樹木，又見森林」是對全局思考的一個形象化、整體性的描述與解釋。但全局思考具體指的是什麼呢？在本節中，我們將從全局思考的具體內涵與模型來具體探討「什麼是全局思考？」這一問題。

### ●【思考小場景】看清你的旅行

我每年都有大半時間遊走在各個城市，穿插於各個企業授課、輔導。還自我調侃寫過一首打油詩：如痴如夢接客中，跋山涉水走營生，少年不羈該合去，此時已為中年更。其實當時就是跟一位企業家搭乘同航班，他問了我一個問題觸動了我。

問：薛老師，去過這麼多城市，最喜歡哪個城市？

答：沒有最喜歡的城市，但有最喜歡的感受。

如何理解呢，很多人去旅行，跑到幾千公里之外的地方，逛了一些家門口就有的景色，買了一些手機上就能買的產品。正如：身邊的詩人不是詩人，演變為：身邊的景色不是景色。

我們一提到紐約就是時代廣場，一提到巴黎就是羅浮宮，我們旅行如此，看人如此，看事是否也是如此呢？

正所謂「不識廬山真面目，只緣身在此山中」，許多人在認知事物時，往往都像我一樣，無法認識全局，只能認識局部，這是自身的認知局限導致的。

但領導者在管理企業時，不能只看見企業或者是問題的局部，而是要掌握整體，這就需要領導者能夠打破認知局限，對全局做到瞭然於心。歸根到底，就是領導者需要掌握全局思考的方法。那麼什麼是全局思考呢？

### ●【要點分析】全局思考的內涵

全局思考是系統性思考的一部分，也繼承了系統性思考的關聯性、整體性、動態性等特徵。從上述場景中，進行全局思考就是不局限於當前的狀態或者環境，而是從整體上掌握，從整體的角度去看問題。全局思考的內涵包括以下三個層面：

#### 關注構成因素的關聯性

全局思考會將構成問題的各種因素之間的關聯性表現出來。例如，問題發生的背景與問題出現的原因之間的因果關係，或者是各因素之間的相互作用等關聯性。明確這些因素之間的關聯性，會幫助領導者準確的定位問題的根源，從而確保解決方案的可行性。

例如，領導者要解決高速的人員流動問題，會先思考構成這一問題的多種因素，然後思考其中的關聯性。員工離職的原因通常包括三個方面：薪資待遇與預期差距較大；無法獲得成就感，自身價值得不到認可；價值觀、理念不同，沒有發展前景。

假設領導者思考這個員工以前的表現與想法，判斷他離職的原因屬於成就感低這一方面後，就要思考出現這種問題的原因：他雖然勤奮刻苦，但做事有些馬虎，在寫報告時時常因為不嚴謹而被同事與上級責罵，最終自己失去信心，於是辭職。

這就是構成這一員工的各要素之間的因果關係。領導者只有從最根本的因出發，才能尋找到最優的「果」。當然構成問題的要素之間不僅僅只有因果關係，也可能出現並列關係、相互作用的關係等。

領導者在解決問題時，不能只思考當前的問題，而是要去尋找導致當前問題的過去的因。否則領導者制定出的解決方案就不能真正的解決問題，很容易使問題繼續惡化下去。

### 關注實現整體性價值

實現整體性價值，確保整體的利益最大化，是全局思考最為重要的內涵。全局思考不是要求個人利益服從整體利益，而是在實現個人利益的同時，也實現整體利益的最大化。因此，全局思考的側重點不是「犧牲」，而是「雙贏」。

有一家醫療器械公司，董事長在 2017 年將 75% 的股份分給員工，這一策略使員工不再以「受薪者」的身分進行工作，而是以「合夥人」的身分與公司共進退，2018 年實現利潤翻三倍，2019 年利潤再翻兩倍。2020 年 2 月新冠疫情全面爆發，各行各業形勢緊迫，而這家公司沒有一人離職，並按股權結構層級，級別越高領取的薪資比例越少，還出現了，員工郵件申請：暫時不領，算公司欠的。這家公司就實現了把領導者與員工放在同一層面上，而不是管理與被管理的對立關係。這讓這家醫療器械公司形成了一個利益共同體與命運共同體，得到了眾多員工的支持與擁護，我們發現這些共患難的場景源自於董事長最早的「雙贏」，很多企業家只有「雙贏」的想法，卻止步於「雙贏」的行動，因為早期損失的那是真金白銀，後期的「贏」還是未知數。

## 關注內外部因素的動態性

市場在不停的變化，領導者只有透過對市場的歷史變化、目前的發現趨勢以及對未來市場的預測，才能掌握市場的走向，並根據其走向不斷的調整方案與對策。

當一個問題出現時，它在不同的階段會有不同的表現與變化，呈現出動態性的特徵，目前的最佳解也可能只是針對這一方面，如果一直不變，就會為未來埋下隱患。

在老牌酒廠開始賣香水、傳統飲料品牌賣可樂的創新獲得較好的社會迴響之後，知名的 A 飲料品牌也推出了一款「護眼」飲料，然而，這款飲料早在 2010 年就已經開始售賣。因此市場的回饋情況不容樂觀，昔日的飲料帝國似乎鳳凰不再，開始在走下坡路。

究其原因，是 A 品牌創始人的管理思維跟不上時代的變

化，這使他無法準確的掌握市場的的動態性，制定不出符合市場發展規律的決策與計畫。A 品牌在 2004 年推出的暢銷品，在 2019 年仍然是支撐公司業績的頂梁柱，而且暢銷品在市場中的優勢也在逐漸消失。

如果 A 品牌繼續「啃老」，不去學習整體掌握市場變化，其實現轉型或者是創新的機率就會大大降低，最終會消失在日新月異的變化之中。運用全局思考去看待 A 品牌的困境，可以從行銷方式、管理理念、產品開發這三個方面來具體思考。

動態性使市場形成了不確定性與易變性，這對企業來說，既是機遇也是挑戰，而全局思考是企業抓住機會一個有效方法。

## ●【全局思考模型】設計引擎，預測問題

領導者的全局思考有一條基本定律：組織整體的結構影響員工的行為，如果領導者想讓員工的行為達到自己的期望值，最根本的方法就是設計組織的結構。否則，員工就只會短期改變自己的行為，或者被動遵循領導者的要求，這並不會對員工帶來長期的影響。

通俗來講，如果領導者希望員工在行為上會表現出團結向上，那麼就需要從全局出發，打造一個團結向上的團體、組織。透過團隊、組織的正面引導，實現領導者的目的。

這樣的全局思考對領導者來說，可能是一件十分紛繁複雜的事情，但在本質上只有兩個步驟。其一為：對推動組織向上

發展的「成長引擎」，進行設計並維持行動。其二為：根據市場的歷史發展、目前勢態及時的預見企業在發展的過程中可能會遇見的問題，並做出防範規避措施。其具體模型如圖 4-1。

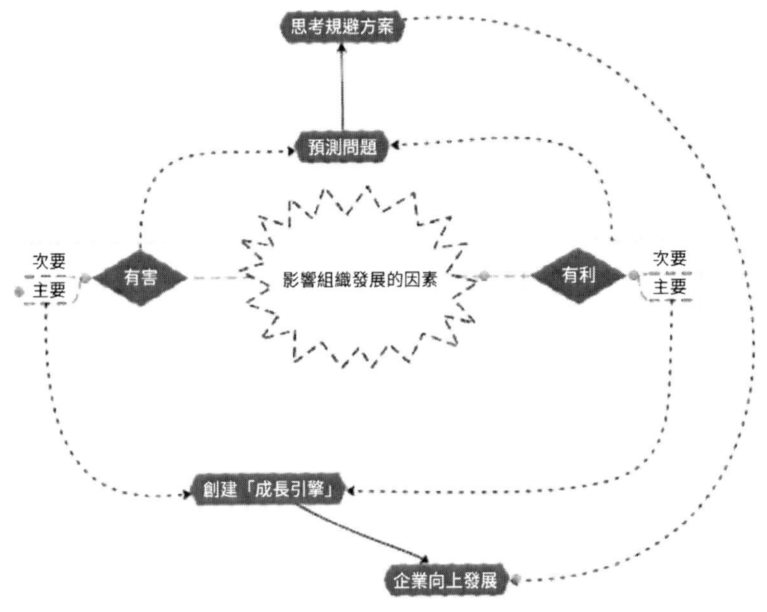


圖 4-1 全局思考模型

領導者設計組織的「成長引擎」可以推動組織向上發展，使組織在整體上呈現出一種積極向上的精神面貌，並在潛移默化中引導員工，使員工能夠以積極向上的心態去工作，繼續推動企業發展，形成一個良性循環。

「成長引擎」的設計，需要領導者掌握組織的整體，尋找到真正能夠誘發組織成長的因素。例如，A 飲料品牌目前最為

重要的「成長引擎」就是更新管理理念，進行創新。

透過對「成長引擎」的設計，領導者掌握了影響組織發展的各種因素，領導者可以推斷這些因素可能帶來的結果，從而及時的預測企業在未來可能會出現的問題，並據此思考防範措施。

綜上所述，全局思考是解決問題，促進企業發展的方式：思考影響組織發展的各種因素，並在考慮這些因素的關聯性與動態性、組織的整體價值的基礎上，創建促進組織發展的「成長引擎」，也預測未來可能會出現的問題，從而規避或者解決問題。

透過本節內容，領導者可以明確「全局思考是什麼？」這個問題，那麼全局思考對企業究竟有何作用呢？

## 4.2
# UVCA 時代，全局思考是企業生存的必備技能

**思考要點**

**在 UVCA 時代，市場在不斷的發生變化，領導者必須根據市場的變化及時的調整企業的方針與計畫，才能使企業跟上時代的步伐，不被市場所淘汰。這需要領導者透過全局思考，整體掌握市場的變化規律，掌握企業管理與發展的節奏、重點。**

### ●【解讀】什麼是 UVCA 時代？

市場在不停的發生變化，也許前一段時間某產品還在熱賣，之後立刻就被打入「冷宮」；市場不停的變化，領導者的策略也會相應的做出改變，領導者自己可能都無法預測最終的結果；影響市場的因素太多，對於領導者而言，預測市場就是一個複雜的問題；領導者總以為自己已經看透了市場，但在重要節點如同霧裡看花，往往看不清晰。

以上四點，就是透過領導者與市場的關係，並展現出市場的易變性、不確定性、複雜性、模糊性，這樣的市場是是時代的縮影。因此，具備易變性、不確定性、複雜性、模糊性特徵的時代就是 UVCA 時代。

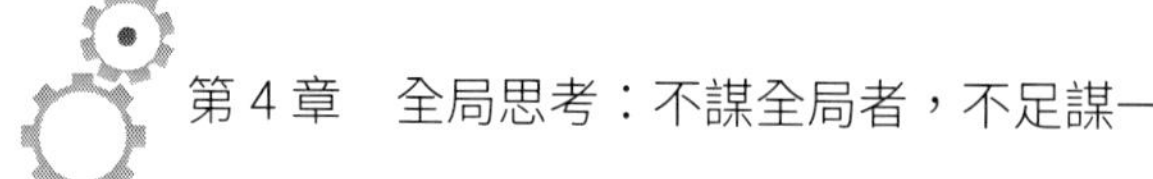


在 UVCA 時代裡，企業的每一次行動都會隨著市場的變化而變化，往往會因為一著不慎，而滿盤皆輸，這對企業與領導者來說是一個極大的挑戰。領導者應該怎樣做，才能有效的預測未來，掌握市場的變化，促使企業跟上時代的步伐，立於不敗之地呢？

這需要領導者能夠進行全局思考，掌握企業與市場的整體，促使企業能夠長遠的運行下去。

## ●【思考小場景】在 UVCA 時代，領導者應該成為企業的設計者

在一次研討會上，系統動力學創始人傑·弗雷斯特（Jay Forrester）向研討會的參與者提問：如果整個企業是一艘船，那麼領導者在其中扮演者什麼樣的角色？

有人認為領導者是船長，負責整艘船的運行。

有人說領導者是瞭望員，負責觀測企業的方向是否偏離航道，以及航道上是否具有障礙物。

還有人認為領導者就是船的主人，利用船的航行來獲取利益……

弗雷斯特笑而不語，只是在討論的最後說：領導者是船的設計師，因為領導者應該全面的掌握企業的內部，讓內部的各個部分協調運行。而設計師這一角色才是真正了解內部的角色。

一位集團的創始人也表達過類似的觀點：領導者治理一家

公司就是一個系統設計，應該要系統思考，既不能片面的強調其中的某一個環節，而忽視其他環節，要從整體上去推進企業前進的節奏。

全局思考就是讓領導者懂得駕馭企業這樣的一個整體，明確構成整體的各要素之間的關聯，從而分清輕重緩急，遊刃有餘的解決企業中出現的問題，成為企業的高明的設計師。這樣，才能使企業在 UVCA 時代裡能夠跟隨市場的變化而及時做出反應。

## ●【要點分析】全局思考對企業的價值

### 系統解決問題，確保決策的正確性

假設：你作為某公司產品事業部總經理，決定將你所負責的產品降價 10%，這個時候，你就要從全局的角度去思考：這一項決定會對企業產生何種影響？會有什麼樣的後果？

這個決定導致的可能性非常多：該產品的銷量可能增加，也可能減少，或者說是沒有任何變化；或許你會因為這個決定，被同事排擠、被上級批評，甚至還會為此丟了工作；公司可能因此得到發展，也可能因此一蹶不振……這些可能性都是你需要考慮的問題。

只要這樣多角度、多方面的從全局去思考，才能發現衡量決策的風險與收益，判斷是否執行這一決策。

我們上本書《思考型組織》提到三類商業問題：簡單的商業問題、複雜的商業問題、錯綜複雜的商業問題。在簡單的情景中，事物的內在關聯顯而易見，領導者可以快速的確定正確的答案；但企業之中往往還存在大量複雜、混亂、無序的情境，每個要素之間的關聯不明顯，還存在易變、不確定、不可預測等多種複雜性特徵。

在這種情況之下，全局思考為領導者提供了一雙慧眼，避免做出漏洞百出的決策，為企業的發展埋下隱患。領導者透過解決複雜性、多變性的問題，不斷的培養自身的全局思考能力，提高自身決策的正確性，促進企業的發展。

## 提升組織能力，推動企業成長

我曾經十分喜愛閱讀能夠提升自身思維層次的書籍。有一天，我讀到一本關於系統性思考的書籍，裡面的蓮霧水果商的案例讓我很受啟發。該案例內容大致如下：

有人種植了高品質的蓮霧，但只透過擺地攤來售賣，沒有形成規模，甚至還被水果商盤削，收益低下。有一位農民認為不僅要保證品質，還得開發水果銷路，這樣才能擴大收益。

於是，他與當地的超市合作，跳過了中間商，並提供送貨服務。由於服務周到，水果口感好，受到很多消費者的追捧。其良好的口碑在消費者中打響，購買的人越來越多，與之合作的超市也越來越多，形成了一個螺旋上升的發展狀態。這位果農並沒有因豐厚的利潤而止步於此，在形成口碑之後，也不斷擴大生產規模、提升服務品質，最終成為知名的蓮霧大王。

該果農就是從全局出發，透過改變供應形式與行銷方式啟動了圖 4-2 之中兩個相互促進成長的「成長引擎」，從而逐步提升自身的能力，提升業務水準。

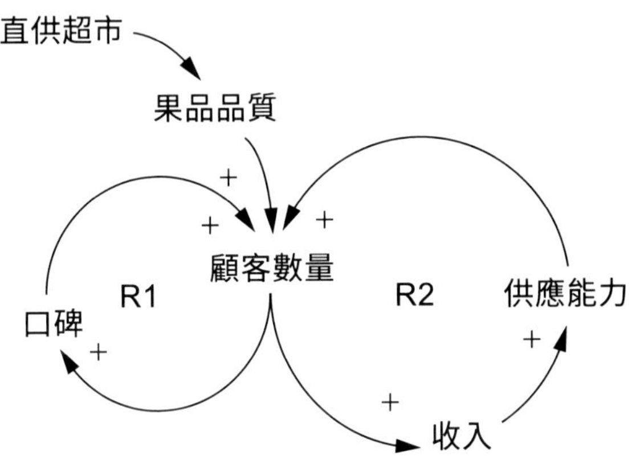


圖 4-2 蓮霧大王的全局思考模型

對於中小企業來說，要想尋求發展，就需要從全局出發，找到企業的「成長引擎」，才能讓企業達到螺旋上升的狀態，並為這個「引擎」不斷的加油，例如新技術等，使企業能夠不斷的成長與發展。

## 激發集體智慧，促進團隊思考

如今建立一個團隊簡單至極，但要創建一個優秀的團隊可謂是難於上青天。組織學之父曾說：「即使團隊中的每一個成員都有 120 的智商，但團隊整體表現出來的智商卻只有 62 ！」這一問題讓許多領導者與團隊的管理者都十分困擾。但是透過全局思考可以有效的解決這一問題。

首先，全局思考為團隊中的每一個人都提供了一個系統化、結構化的思考方式，可以幫助員工分析、解決工作中出現的問題，促進創新的出現。

其次，全局思考還可以加強團隊成員之間的交流與合作，讓員工能夠真正的分享自己對同一事物的不同理解。

最後，全局思考的結果，還可以將思考過程視覺化，讓員工更加深入的了解問題，共同思考。全局思考的這三個功效，可以激發員工思考的熱情，促進員工共同學習與思考，從而激發企業的集體智慧，面對即將發生的未來。

## 加速領導者思考，創建思考性組織

全局思考是系統性思考的一部分，而系統性思考具備的改善心智模式的作用，也延續到了全局性思考之上。

如果沒有全局思考的技能，領導者與員工就無法看清問題的結構，越靠近自己的目標，就越有一種無法實現目標的無力感。透過全局思考，可以幫助企業全體認清自己能力結構、能力優勢與薄弱點，並根據自身的情況進行補救，改善自身的認知情況。並讓員工在思考中不斷的超越自我，為企業的發展提供更強悍的力量。

全局思考可以加速企業、組織內部員工的認知改變，提升員工的思考能力，最終將企業與組織打造成一個思考型組織。既然全局思考如此重要，那麼領導者應該如何去進行全局思考呢？

# 4.3
# 全局思考的三個層面

**思考要點**

**企業家A透過多角度、深度、廣度的思考，全面掌握了市場的變化以及公司的發展未來，提出了「新零售」的概念，為公司尋找到了一條全新的發展道路。其他領導者也可以透過這三個層面來進行全局思考，從而促進企業的發展。**

## ●【全局思考案例】企業家A是如何進行全局思考的？

在2016年，純電商的發展前景依舊十分美好，有不少人前仆後繼的進入電商市場。在當時，將實體店轉化到線上店鋪成為了產業的潛規則，認為實體店已經走向了末路。

企業家A卻勇於跳出產業潛規則，將網路商店回歸於實體店，創造了「新零售」的理念，從而開創了線上與線下相結合的電商新道路，為純電商的發展指出了一個新的方向，開闢了「新零售」時代。

企業家A提出「新零售」之前，從市場的發展歷史、市場目前的發展趨勢以及未來可能會出現的趨勢等角度來思考了「新零售」的可行性。並就可行性這一點深度思考：新零售、

新能源、新技術等新興的市場競爭因素，是否能夠成為成為公司未來的核心競爭力？

在此基礎之上，企業家 A 在 2018 年促成了公司與知名書店的合作，透過打造「城市書房」，試圖將圖書出版產業打造成第三服務行業，將單純的書籍銷售，轉向為出售服務場景。

企業家 A 看見的更加廣闊的市場未來，突破了產業領域的局限。而是站在市場的發展趨勢上，轉變傳統的思維方式，另闢蹊徑，最終達到企業基業長青、實業興國的目標與責任。

「新零售」讓實體經濟迎來了另一個春天，在經歷新科技、新方法的洗禮後，必將能為整個市場帶來全面的改革升級。

企業家 A 在提出「新零售」理念之前，就是從不同的角度、深度、廣度三個層面來進行全局思考，從而判斷「新零售」理念的可行度的高低後，才將「新零售」理念運用到實踐之中，並獲得了碩大的成果。

其他領導者在進行深度思考時，也可以從角度、深度、廣度這三個層面來進行。透過進行這種立體的思考，領導者才能提高對市場預測的準確性，提高決策的正確性，並為員工進行全局思考提供示範，從而打造思考型組織，促進企業的長遠發展。

### ●【要點分析】全局思考的三個層面

廣度、深度、角度是實現全局思考的三個層面，而這三個層面又包含了橫向的「眼前、起因、動向」以及縱向的「現象、模式、結構」兩個向度。

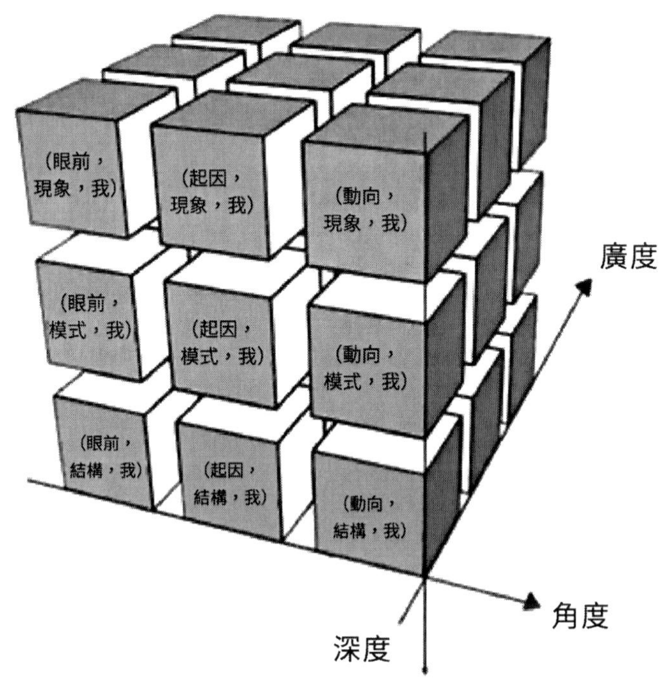


圖 4-3 全局思考的立體思考模型

其中，橫向向度可以解讀為：領導者目前遇見的問題，問題的根源，以及問題將會產生的變化與結果。縱向向度可以解讀為：領導者遇見的問題呈現出的表象，相互關聯的問題以及構成問題要素之間的關係模式，以及領導者的全局思考結構。領導者只有從這三個層面、兩個向度出發，才能進行真正的全局思考。

## 廣度

廣度思考就如同大量挖井，雖然每一口井都沒有挖深，但都有水湧出。

各大企業都紛紛開始賣跨界商品，就是為了避免因產品單一，而無法最大程度的獲得市場占比，最終被市場淘汰。

跨產業賣貨實際上就是在整體掌握市場的基礎之上進行的廣度思考，透過占據更加廣泛的市場，來提升企業的競爭力。跨產業賣貨就是領導者眼前的問題，起因就是避免被市場淘汰，動向是可以獲得階段性的成功。現象是跨產業賣貨獲得成功，模式就是跨產業的原因，思考結構呈現發散狀的結構。

時代不斷的變化，品牌聯動似乎已經成為當今企業的發展趨勢。領導者要想一條路走到底是行不通的，在抓住主要市場的同時，還需要逐步融入到其他市場之中，這樣企業才能發展得更為長久。這就是「廣撒網，多撈魚」的道理。

## 深度

深度思考是觀察的必然結果，領導者在觀察的過程中發現的問題，會引發思考。在思考時，領導者也需要有整體意識，這可以透過洋蔥模型來實現。領導者在借鑑洋蔥模型思考問題時，不僅可以進行整體性的分析，還能抓住重點分析問題。

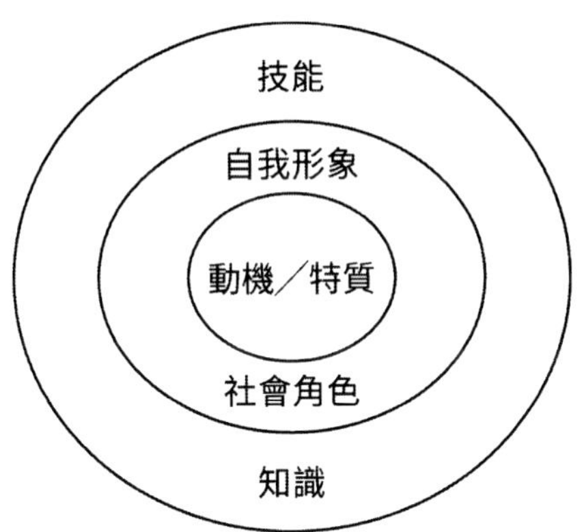


圖 4-4 透過洋蔥模型掌握整體

領導者透過對技能與知識的思考，可以找出企業業務方面的短板問題，還可以向員工提出建議，提升企業整體的技能與知識水準，從而充分發揮企業的優勢，提高企業的業務水準。

透過自我形象與社會角色的分析，領導者可以明確企業的目標與責任，建立具有個性的企業文化與價值觀，為員工的成長提供方向上的引導以及精神動力，同時還能提升企業的發展潛力，促進企業的長遠發展。

透過對動機的思考，領導者可以從影響企業發展的眾多因素之中，尋找到企業的內驅力，並根據內驅力，制定企業發展的策略方針。

洋蔥模型包含的幾重層次都可以成為企業問題的根源，並讓領導者的思考就是層層遞進的結構。領導者可以透過洋蔥模型的分析，可以透過問題的表象，羅列構成這一問題的因素，找出企業問題的根源，並思考出解決問題。

這就是領導者從深度層面來整體掌握企業以及問題，從而制定出最理想的解決方案。

## 角度

全局思考要求領導者能夠從多角度去看待企業中出現的現象與問題，從而得到解決問題的全新角度。

例如，沃爾瑪除了會從產品、價格等多個角度來提升銷售量外，還會透過商品的排放位置來提升。沃爾瑪透過消費者的購買資料發現：在特定情況下，兩種看似毫無關係的商品會被同時購買。

效益最好的是啤酒與尿布的組合，年輕的父親在幫孩子買尿布時，會順便買一手啤酒。沃爾瑪發現這樣的現象後，經常會改變商品的擺放位置來達到提高銷售量的目的。這就是「購物車效應」。

在沃爾瑪這一案例之中，問題是提升銷量，起因是增加利潤，動向是獲得較好的效果。現象是透過「購物車效應」提升了啤酒的銷量。其他領導者也應該如此，透過不同的角度去思考問題，從而用全新的角度，高效能的去解決問題。

全局思考中的多角度思考結構包含了廣度思考與深度思考的特徵，既有不斷深入的遞增式結構，也有向外的發散結構。

領導者透過廣度、深度、角度這三個層面來從整體上思考問題、分析問題，從而得出解決問題的最佳方案。在思考問題的同時，也不斷的提升自己的全局思考能力，為企業尋找到一條全新的發展道路。

# 4.4
# 冰山模型 —— 全局思考的重要方法

**思考要點**

**任何問題都是多面性的，領導者可以透過全局思考來真正的解決這些問題。冰山模型作為一個輔助領導者進行全面思考的工具，可以快速的使領導者進入全局思考的狀態，找出問題的根源與解決問題的突破點。**

## ●【思考小場景】為什麼走不出離職惡性循環？

某企業的人資總監A總目前陷入了困境，因為從去年開始，企業的人員流動就變得十分劇烈，特別是最近幾個月。A總為緩解這一問題，儘量為那些要離職的員工換職位，但仍然不能挽留住他們。

經分析，A總發現人員流動陷入了這樣一個惡性循環：挽留員工失敗，員工離職，公司去其他企業「挖人才」，但這些人才的薪資比同水準的老員工高，老員工不服氣，然後離職，公司繼續「挖人」。

A總認為薪資是老員工與新員工之間的矛盾，只有解決了這個問題，企業才能走出惡性循環。於是A總在面試其他跳槽過來的員工時，按照正常的薪資提出條件，但是這些員工認為薪資

太少，而選擇了另外的公司。最終，也沒有打破這個惡性循環。

為什麼會出現這種情況呢？

雖然 A 總從全局上思考，分析出員工離職率高是因為進入了一個惡性循環，但 A 總只看見了表面原因，沒有去了解那些未顯示出來的原因，因此，得出的結論也只是表面搔癢，無法從根本上去解決問題。

任何事情都存在兩面，可感知的與不能直接感知的。A 總需要了解那些不能直接感知的部分，才能真正的解決問題。其他領導者也需要如此，才能解決企業發展過程中遇見的問題。

透過冰山模型，領導者可以看見事情的全貌，了解問題的本質，進行更為深刻的全局思考。

## ●【要點分析】全局思考的冰山模型

全局思考就是在了解冰山露出水面的部分的基礎上，還要了解冰山下隱藏的部分，這樣才能掌握全局，避免撞上冰山。領導者需要了解的冰山模型分為三個部分：事件、模式與結構。

### 事件

事件就是指露出水面的冰山部分，是領導者能夠感知到的部分。例如，上文離職循環中的「薪資不對等」就是事件，可以直接從離職員工的想法中感知。那些領導者與員工可以直接感知、參與、推動的問題就是事件，是能夠看得見，摸得著的。

A 總解決離職循環的方法，就只停留在事件的表面之上，沒有從根本去思考問題、分析問題、解決問題。如果領導者都是如此面對問題，就與 A 總一樣陷入了對表象的關注之中，提出的解決方案也只是敷衍了事的策略，「按下葫蘆浮起瓢」就是最終結果，為企業的發展埋下隱患。

**模式**

模式就是指將互相關聯的事件連接起來，發現它們之間的相互作用。

我有個朋友是一個資深股民，在收市時，她投資的某支股票上漲了，這就是一個事件。她將這支股票近期的漲跌情況串聯起來，並用曲線圖繪製形象化的漲跌圖。她發現該股票還有繼續上漲的趨勢，在未來一個星期之內會繼續緩慢的上漲，因此她決定先保留這個股票，等到下一個星期再拋出。

她對股票的思考與分析就是從事件深入到冰層下面的模式部分，在這一個層級上的思考，可以在一定程度上預見問題或者事件的發展趨勢。

**結構**

結構就是指領導者在事件與模式的基礎之上，繼續向下思考，明確「為什麼會預見這種趨勢？」這一問題，然後找到問題與事件內部的結構。在解釋「什麼是全局思考？」時，領導者了解了組織內部結構可以影響員工的行為，問題的內部結構也會影響員工的行為。

例如，在解決「離職循環」這一問題時，領導者可以預見未來的趨勢依舊是老員工不斷的離職。從結構來思考，領導者需要分析這樣一個問題：到底是什麼因素導致老員工不斷離職？

領導者可以從薪資待遇、發展空間、管理方式、企業文化、團隊氛圍等方面來思考。並將這些因素之間的因果關係、相關關係以及相互作用用圖例表現出來，從而明確問題的結構，領導者可以從結構找出問題的本質。

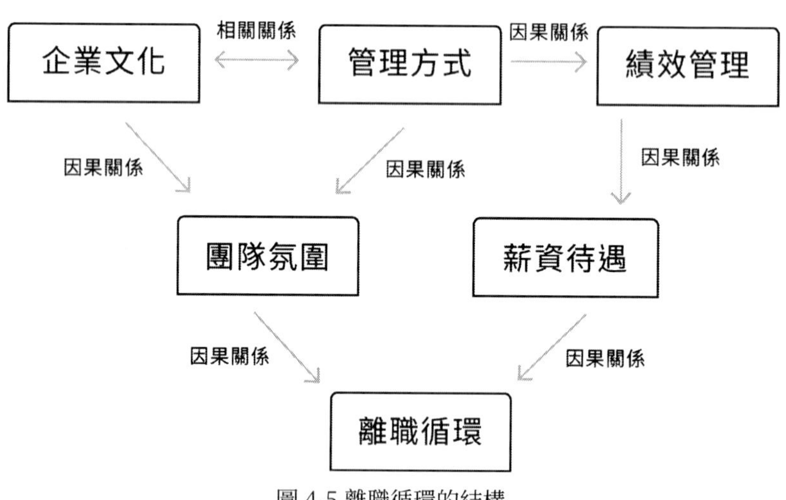


圖 4-5 離職循環的結構

透過上圖的結構，領導者直接從整體上了解問題，並透過調整結構，從而改變行為。例如在企業文化這一條結構線上，領導者可以透過晨會、團建活動來傳遞正能量與企業的價值觀，提升員工的認可度、打造良好的團隊氛圍，從而拴住員工的心，打破惡性循環。

問題的結構是一個整體，領導者只根據一條結構下去解決問題，往往無法真正的解決問題，還需要領導者將各個結構逐一擊破，從而以「局部—整體」的方式，在根源上解決問題。

一般而言，冰山模型中的結構往往可以透過圖表的形式來直接展現，這種方式就是圖表模式行為。

## ●【冰山模型的運用】降低產品次品率

冰山模型的運用範圍較廣，不僅可以幫助領導者解決內部的管理問題，還可以運用到企業的產品生產方面。

具體的運用過程是：羅列需要解決的問題與事件—串聯相互關聯的問題、事件以及構成要素，預見未來的發展趨勢—明確「為何會出現這種趨勢？」。透過這三個步驟，領導者可以透析問題，增強思考的深度，提高自身的全局思考能力。

某企業的產品次品率在不斷的上升。該企業的最高管理者將最近一個月的次品率按照時間先後順序排列出來，發現最近一個月的次品率有階段性的下降趨勢，但在整體上呈現急遽增加的狀態，並且還有繼續上漲的趨勢。該領導者從全局分析了問題的兩大根源，繪製出了該問題的結構圖，並快速的做出決策：

找出次品率階段性下降的原因；部分員工生產產品的次品率極好，經人事部門討論，辭退了一部分技術不達標的員工。

找出快速推動次品率不斷上升的原因，即新招募的工人的培訓不到位，技術還不熟練。從這一根源出發，該領導者對全體員工進行技術層面的培訓，提升了員工的專業技能，從而減少了次品率。

冰山模型是一個能夠幫助領導者進行全局思考、深度思考的工具，領導者可以根據這個模型思考問題，但不能只依賴這個模型，應該先有自己的思考與想法，然後透過模型發現自己思考的薄弱之處。

### ●【注意事項】全局思考並不意味著盲目思考可能性

有部分領導者在建構事件與問題的模型時，往往會將關聯性不大的因素也考慮進去，在紙上畫出的結構圖密密麻麻，一眼望去根本就分不清主次，無法找出解決問題的突破點。這種思考方式力求面面俱到，並不是全局思考。

真正的全局思考，有邏輯關係，有主次之分，能夠人人一眼就看到問題的根源所在。面面俱到只是在盲目的思考可能性，是為了思考而思考，不是為了解決問題而思考。這不僅不能幫助領導者解決問題，還會使領導者的思維混亂，不利於其邏輯思維的培養。

在了解全局思考的模型及注意事項之後，領導者可以開始進行全局思考了。透過以下五個步驟，領導者可以快速建構全局思考。

# 4.5
# 建構「全局思考」的 5 個步驟

**思考要點**

**全局思考可以避免一葉障目與認知局限。領導者透過全局思考，可以匯集集體智慧，使員工獲得成就感，從而激發員工的思考積極性，打造思考型組織。本小節將透過五個步驟，讓領導者能夠快速的進入全局思考的狀態，實現目標。**

## ●【全局思考案例】明確問題的本質是成功的第一步

1962 年，沃爾頓（Walton）察覺到折價百貨商店的龐大商機，不顧反對，將全部財產抵押貸款，創建了第一家折價百貨商店 —— 沃爾瑪，並因此獲得了龐大的利潤。可以說。沃爾瑪就是勇於創新的產物。

隨著時代的發展，沃爾瑪也沒有停止創新的步伐。

1975 年，沃爾瑪受到韓國工人的啟發，創建了「沃爾瑪歡呼」，喚起員工的工作熱情，實現創收。透過不斷的創新，在 1988 年成為美國第一大的零售商。1991 年，沃爾瑪出現在墨西哥，這是其進軍他國的一個開端。

在面對電商的衝擊之時，沃爾瑪又開始進行物流倉儲的創新。例如：採用零售連結系統，使供貨商可以直接進入沃爾瑪的系統，吸引供貨商前來合作；創建「無縫點對點」的物流系統，提高商品運輸效率等，這一系列的創新是沃爾瑪在其他國家站穩腳跟，並分得市場大蛋糕的關鍵。

縱觀沃爾瑪的創新之路，其每一步創新都是有跡可循的，並不是在盲目的擴張，透過對市場整體的緊密監控與調查，預知未來發展的大致方向。並根據自身的實際情況，明確了需要創新的具體方面，才制定出相關的計畫，最終獲得了階段性的問題。這是沃爾瑪的「安全脫身」的計畫，即使創新失敗，也可以及時的補救。

「不入虎穴，焉得虎子」，這是許多領導者堅信的名言，往往希望透過背水一戰贏得勝利，因而不會給自己留下退路。這樣的做法是非理性的，根據「80/20 法則」，80% 的領導者會成為 20% 的勝利者的墊腳石。

領導者應該像沃爾瑪的領導者一樣進行全局思考，不僅在整體上掌握市場的未來變化，還要掌握自身的實際情況。透過這樣的思考，領導者可以明確企業在未來的短期發展方向與市場趨勢，從而提前占領市場，增強自身的競爭力。

## ●【要點分析】建構全局思考的步驟

全局思考除了像沃爾瑪一樣有問題、有目的、有想法外，還需要有條理、有結果。據此，領導者才可以得出全局思考的具體步驟。

### 第一步：明確問題

這裡的明確問題，不僅僅是領導者找到需要解決的問題，而是要發現問題在現實與理想之中的差距。然後再將問題進行分類與分級，從而跳出局部，從全局的高度去思考問題。領導者遇見的問題一般可以分為「恢復原狀類」、「防範潛在類」、「追求理想類」三種。「恢復原狀類」的問題就是因無法一次性解決而會復發的問題。領導者要從事實出發分析原因，篩選出問題的主要構成因素，根據細節了解各要素之間的關係，從根源上制定解決問題，防止復發。

「防範潛在類」問題的解決關鍵是注重預防。這類問題需要領導者擬定預防策略，並將其誘因徹底剷除，或者擬定這類問題發生時的應對策略。「追求理想類」問題就是沒有明確的理想與目標的問題，這類問題會讓領導者無法分析出問題的清晰結構，會誤導領導者在錯誤方面制定解決問題的方案。

將問題分類後，就需要將這三類問題各自分級，領導者可以根據下面的四大象限將問題分級，進而得到重點問題，並集中精力去解決重要問題。

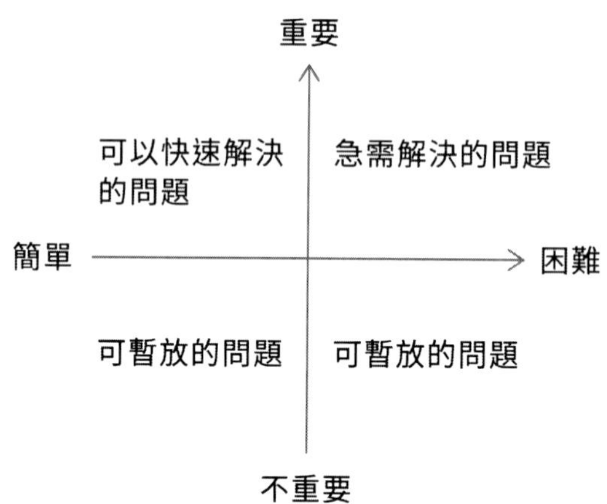


圖 4-6 問題分級四象限圖

不同類型的問題、不同級別的問題，制定的解決方法也各不相同。領導者在對問題分類、分級的過程之中，可以從整體上了解問題，進行思考，避免被問題困在局部。

### 第二步：明確目的

領導者在將問題分類，並將其按照重要程度與難易程度排列之後，明確最先需要解決的問題，並圍繞這一問題的解決方法來思考。

例如，領導者在發現離職惡性循環這一事件時，其目的就是為了打破離職循環，使企業內部的人員流動趨於穩定，或者是形成一個良性循環。在明確目的時，可以利用邏輯樹與奧坎剃刀。利用邏輯樹，將構成問題的因素都排列出來，然後用剃刀將多餘的因素剔除。這樣領導者才能避免思考的盲目性，將焦點聚集在問題本身與解決問題的方法之上。

## 第三步：多角度思考

領導者可以圍繞目的展開活動或者研討會議，將員工聚集在一起，讓員工提出自己的想法與建議。

在這個過程之中，領導者的側重點就是讓員工「敢想」，鼓勵員工去思考。但值得注意的是，領導者應該延後評論，不要全面否決員工的想法，這樣才不會挫傷員工的思考熱情。「敢想」如同福爾摩斯搜尋犯人的思維，是基於現實的思考分析，而不是天馬行空的想像。

在全局思考中，「腦力激盪」方法並不適用，這會增加許多不必要的思考，有時還會使領導者與員工喪失思考的初衷。

## 第四步：使想法條理化

使想法條理化就是確保想法的邏輯正確、嚴密。這可以透過 MECE 法則將想法歸類，並提煉出最佳的想法。

MECE 是「Mutually Exclusive Collectively Exhaustive」的簡寫，意為「相互獨立，完全窮盡」。MECE 法則就是在遵循「相互獨立，完全窮盡」的基礎之上，確定每一個想法不重疊，不被遺漏。

例如，領導者在分析目標消費者的特徵時，可以根據消費者的年齡、性別、職業、特徵等提出各種關鍵字，例如：年輕人、小孩、男人、女人、上班族、工人、宅男等。雖然關鍵字有很多，但大部分都有重疊。

例如，女人與小孩的重疊是小女孩，女人與上班族的重疊就是女性上班族等。但這些關鍵字並不全面，還遺漏了一部分。例如，那些既不是小女孩，也不是女性上班族的年輕女性就沒有被提及。

如果不能準確的描述消費者的具體範圍，就很難滿足消費者的需求，從而無法獲得利潤。此時，就可以利用 MECE 法則來將消費者分層，避免混淆。

表 4-1 MECE 法則下的消費者分層

| 層級 | 劃分標準 | 具體劃分 |
|---|---|---|
| 層級一 | 性別 | 男人，女人 |
| 層級二 | 年齡 | 小孩，年輕人，中年人，老年人 |
| 層級三 | 學歷 | 小學及以下、國中、高中、大學、碩士研究生、博士、博士後及以上 |
| 層級四 | 收入水準 | 10,000元以下，10,000～30,000元，30,000～50,000元，50,000～80,000元，80,000～100,000元，100,000～150,000元…… |
| 層級五 | 職業 | 藍領，白領等 |
| …… | | |

透過 MECE 法則可以將消費者細分，使每一個層級都沒有重疊之處，避免思維混亂。MECE 法則是一項系統性整理資訊的工具，不僅可以運用到目標消費者的定位上，還可以運用到其他方面。

領導者可以用 MECE 法則將自己的想法分類或者分層，運用圖表的方式，清晰的將自己的想法整體展現出來，以便對每個想法進行深層次的分析，找出可行性最高的想法，成為領導者全局思考的重要成果。

## 第五步：使思考有結果

有結果包括思考成果與行動結果這兩個層面。領導者在召開會議、理清員工的想法之後，還需要進行總結與分析，採納好的建議與想法，然後結合自己的思考，將全局思考的結果呈現在其制定的決策與方案之中。

領導者在制定計畫時必須考慮決策與方案可行性與實操性。這需要領導者不斷的收集、研究市場的歷史發展資訊與競爭對手的資訊，將全局思考的成果與市場發展的趨勢相連起來，從而制定出最佳的計畫與整體規畫。

領導者為了確保員工能夠將計畫實施，可以用 SMRAT 原則來判斷其可行性的高低。

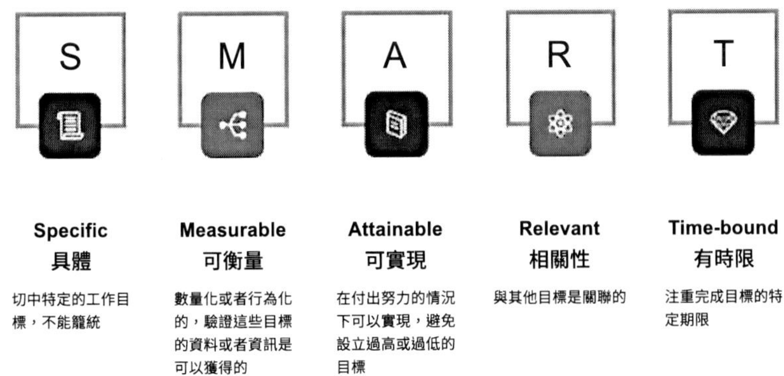


圖 4-7 SMART 原則

符合 SMRAT 原則的方案就是可行性較高的計畫方案，但這並不意味著方案一定會成功，因為計畫趕不上變化，這需要領導者在員工執行計畫時，及時的發現問題，從而調整方案。

「紙上來得終覺淺，絕知此事要躬行」，實踐才是檢驗真理的唯一方法，是實現目標的唯一途徑。在實踐的過程中，領導者要不斷的吸取經驗、總結教訓，從而完善計劃，避免因計劃不當而陷入到對未來的茫然之中。

透過以上 5 個步驟，領導者可以從全局、整體上掌握「出現問題—明確問題—解決問題」的過程，並將自己與全體員工的思考結晶融入進去，從而使員工獲得成就感，提高其思考的積極性，為企業創新打下基礎。

## 4.6
## 思考結構化，打造具有全局思考能力的組織

**思考要點**

領導者在進行全局思考時，是以上帝視角進行思考的，思考的內容繁多，思考的結果數量也不少。因此，領導者很容易就會因雜亂無章，而無法理清頭緒，無法制定出相關的計畫與方案。將思考結構化，是呈現思路，使領導者具有全局思考能力的重要方法。

### ●【思考小場景】怎樣呈現思考的結果？

某零食研發公司為了實現利潤翻倍的目標召開了全體會議。在會議上，每一個員工在思考後，將自己的建議與內部成員分享，經過初步篩選後，由部門主管總結，並在大會上分享部門的意見。

產品部討論的結果是：可以利用即將上線的新產品，增加利潤的總和。

銷售部主管認為：銷售客服可以提升話術，從而更好的與客戶交流，提升客戶的轉化率。

營運部一致認為：可以透過客戶宣傳，提升口碑形象。例如，可以推行社交平臺按讚分享贈送新品或者購物優惠券，吸

引客戶發展新客戶，獲得新的利潤來源。還可以加強企業與其他零售商，例如超市的合作。

後勤部認為應該減少額外開銷，合理配置資源，將資源的價值最大化。

以上建議就是全局思考的結果，但太過雜亂無章，無法讓其他員工一眼就能看出其表達的意思。全局思考，往往會由於思考的內容繁多，使思考的結果變得雜亂無章，怎樣才能清晰的呈現全局思考的結果呢？

將思考結構化最有效的方式之一。例如，上例就可以概括成兩個大的方面，即透過開源與節流兩方面達到利潤翻倍的目標。其具體的思考結構如圖 4-9：

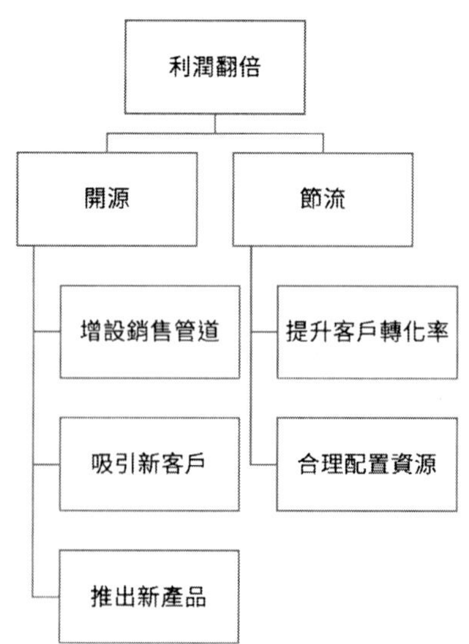


圖 4-8 實現利潤翻倍的結構化思考

不僅是解決利潤問題，領導者在解決其他問題時，也可以如此，將所有的想法或思考結構化，使其他員工能夠有一個清晰的思路，這樣才有利於最終計畫的順利實行。

## ●【要點分析】全局思考的兩種思考結構

在傳統的思考模式之下，領導者都是在獲得大量的調查資料的基礎之上，思考問題、分析資訊，從而制定出解決問題的方案。這種用大量的資料制定方案計畫的過程，會花費大量的時間與精力，有時甚至會吃力不討好。

針對這種情況，領導者可以根據邁克·菲格洛洛（Mike Figliuolo）的「極簡思考」，將全局思考結構化、條理化、清晰化。從而以一個更為清晰、更廣闊的視角去思考問題、分析問題、解決問題。將思考的想法與觀點按照一定的邏輯進行排列、分組，可以實現思考的結構化。

這種結構化的思考過程會將問題與事件的全貌展現出來，能夠使領導者更快的發現問題、解決問題、打破僵化狀態的突破點。以下是思考結構化的兩種基礎結構。

### 層型結構

層型結構包括核心建議、形勢變化與背景介紹三個部分。

核心建議是企業在面對問題時，領導者與員工提出的重要想法。

市場形勢在不斷的變化，這需要領導者與員工能夠及時的做出回應，制定相應的方法與決策。其中的變化可能是一個事件在各時段的變化，也可能是新的資訊，或者是這兩者的結合體。變化帶來的影響也具備正面與負面兩個層級，正面代表著機遇，負面則是挑戰。

背景介紹就是為形勢變化的理解提供必要背景資訊。例如，市場的歷史發展狀態、目前的發展趨勢，以及未來可能會呈現的發展狀態等資訊。在背景介紹時，需要確保資訊的來源可靠，沒有爭議性的問題。

透過層型結構，以背景為開端，讓企業內部的每一個員工都能對事件與問題都能有一個整體上的了解，並透過對形式變化的理解程度來提出相應的建議，為領導者的決策提供更多的可能性，提升決策的正確率。

### 列形結構

列形結構主要包括核心建議與若干支撐資訊。核心建議在層型結構已經解釋過，就不再贅述。而若干支撐資訊與層型結構中的背景有所相似，但支撐資訊的範圍更為準確，資訊更為具體精細。

不同職能的員工需要的思考結構框架不同，這需要領導者與員工思考的全面，是將思考結構化最大的難點。領導者與員工可以透過以下方法來順利解決這一難點。

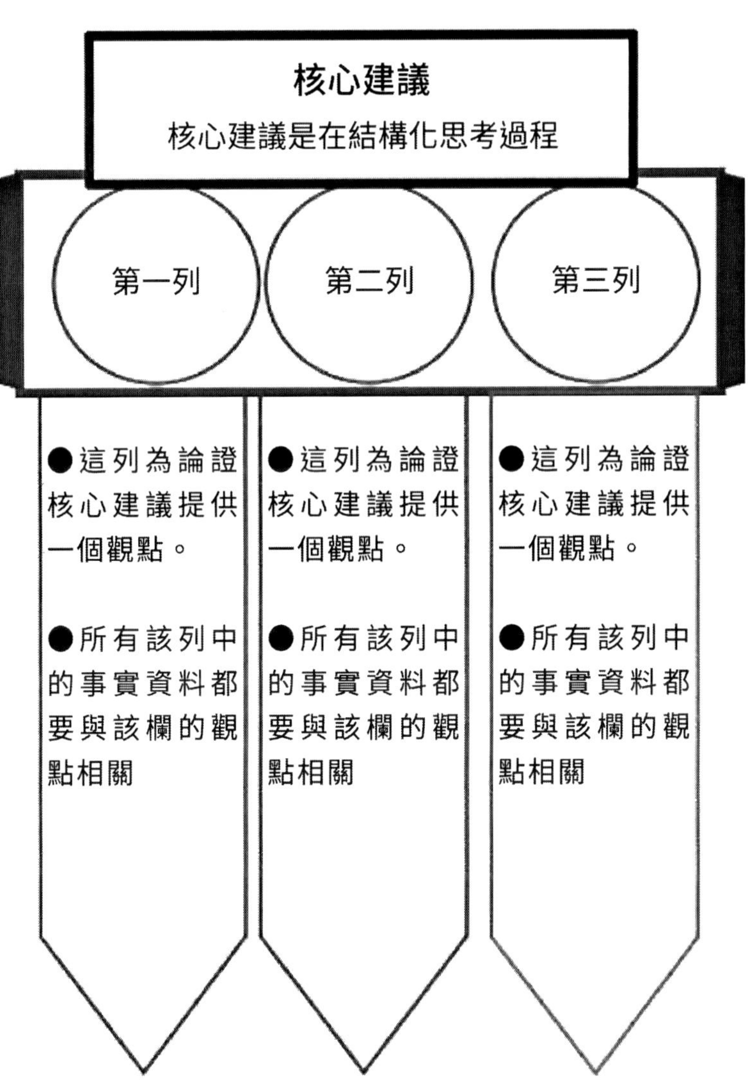
核心建議
核心建議是在結構化思考過程
第一列
第二列
第三列
●這列為論證核心建議提供一個觀點。
●所有該列中的事實資料都要與該欄的觀點相關
●這列為論證核心建議提供一個觀點。
●所有該列中的事實資料都要與該欄的觀點相關
●這列為論證核心建議提供一個觀點。
●所有該列中的事實資料都要與該欄的觀點相關

圖 4-9 列形結構模型

## ●【要點分析】將思考結構化的方法

### 用敘述故事的思維構造結構

故事可以將人物、事件、結果都放置在一個整體之中，透過故事描述的整體比各個部分簡單的疊加更加完善。因為在敘述故事時，一般是按照時間順序、地點的變化等邏輯來進行，有一個十分清晰而邏輯嚴密的結構。

透過敘述故事的思維來打造全局思考的結構，用細節去建構要表達的次要想法，用次要想法支撐主要想法，讓每一個想法都有支撐資訊。從而能夠加深主要想法的令人信服的程度。

層型結構的敘述就是從背景到形勢最後到核心建議的過程，是一個自下而上的總結過程；列形結構則相反，核心建議會先顯示出來，然後再附上支撐資訊，是一個自上而下的發散式過程。這兩種形式，都能夠讓其他員工不需要自己去解讀，就能夠明白其中的內容。

如果領導者與員工有絕妙的想法，卻不能清晰的向其他員工傳遞，那麼這種想法就無法落到實處，毫無用處，需要讓其他員工進行再次解讀的敘述是不成功的。

「一千個人，有一千個哈姆雷特」，其他員工在解讀的過程之中可能也會產生自我的理解，從而偏離了原有敘述所表達的意思，甚至還會有員工產生誤解，不利於領導者最終決策的制定。

### 有效的溝通，清除誤解

溝通可以促進領導者與員工、員工與員工之間的思想交流，從而達到互相理解、交換、接納對方的建議與想法的目的。這樣可以保證企業內部上下達成一致，避免出現目標上的分歧，從而更好的進行合作，將計畫的正面效果發揮到最大程度。

### 簡潔而有力的呈現全局思考的結果

全局思考作為一種結構化思考，其特點就是邏輯嚴謹、結構清晰。而這一特點往往與簡潔有力連接在一起。透過層型結構框架與列形結構框架，能夠有效的達到簡潔有力的效果。

除此之外，還可以透過關鍵字或者強調詞語來建構簡潔有力的表達。例如，在敘述時，可以採用「首先我要講的是……其次是……最後可以得到……」等語句。

透過結構化的思考，可以將全局思考的思考成果清晰明確的表現出來，有利於員工更好的執行思考後制定的計畫，避免因誤解而產生行動上的偏差，使全局思考的結果無法真正的去解決問題。這樣結構化的呈現方式，更能夠讓員工發現其中的問題，並促進員工進行思考，提升組織內部的全局思考能力。

全局思考是一種廣度的思考，其思考的角度大多為上帝視角，因此能夠預測問題，並制定出相應的解決方案。但有時可能會出現思考浮於表面的情況，這就需要領導者進行深度思考，來彌補全局思考的不足之處。

# 第 5 章

## 深度思考：<br>運用理性和邏輯能力，做出正確周全的判斷和決定

過量資訊讓令人頭腦麻木遲鈍，當我們試圖根據收集到的資訊獲得成果時，卻苦於資訊量過大，無從下手，因而導致產生疲勞，進而對重要的事情也變得麻木不仁了，資訊戰爭日趨激烈的今天，要事事、處處拷問自己是否迷失了本質，是否能夠自我深度思考，具備甄別的能力，那就需要「深度思考法」。

## 5.1
# 什麼是深度思考？

**思考要點**

深度思考就是透過思考，不斷的接近問題的本質。但許多人對深度思考的認知存在誤區。如果領導者也用錯誤的認知去進行深度思考，就會導致思考偏離軌道，從而不能深層次的理解、分析問題、解決問題，不利於組織的發展。

### ●【思考小場景】你的思考只浮在表面嗎？

麻省理工學院開設了一門「創新管理」的課，在課堂上，老師先向學生提出了這樣的問題：「在 5 年之後，下面兩家公司，哪一家會獲得更多的市場占比？」

甲乙兩家公司是實力相當的探測儀公司，他們互為競爭對手。甲公司產品的包裝精緻、外型設計感強；乙公司的產品外觀簡單，甚至可以說是粗糙，連內部的構造都能看得一清二楚。但兩家公司的產品價格與性能效果幾乎相同。

在提出問題之後，學生進行討論，大部分學生都認為甲公司的產品設計獨特，更能吸引消費者，答案是甲公司。但老師卻說答案是乙公司。

乙公司的產品雖然能夠看見內部結構，但這有利於消費者根據自己的需求進行加工。乙公司還可以在為消費者加工的過程之中，學習消費者改裝的經驗，改良產品、推出新產品，提升消費者的使用體驗。這可以讓乙公司的評價很高，市場占比也隨之增大。

而甲公司只在設計產品外觀上花費時間，忽視了產品的性能、使用體驗等本質問題，這讓甲公司的市場占比一直無法提升。

在觀看這個案例的領導者，大部分都可能會認為答案是甲公司。這與那些學生一樣，沒有從問題的本質出發，沒有考慮到消費者對探測儀這種類型的產品的消費需求點集中在功能效果，而不是外表。真實被表象迷惑，才選擇了錯誤的答案。

不僅是在這個案例的答案選擇與判斷上，領導者做出的每一個決策都應該從問題的本質出發，不要浮於表面，或者被表象迷惑。只有經過不斷深入的思考，才能做出最正確的判斷，這就需要領導者進行深度思考。

深度思考就是透過思考，不斷接近問題的本質。但有一部分領導者對深度思考存在誤解，不能很好運用深度思考能力去解決管理中出現的問題。

## ●【認知誤區】深度思考的四種誤解

### 頭腦聰明的人就是深度思考者

張老師是某知名大學的老師，經常會向學生出考試題目。常常有人這樣問他：「某大的學生都很聰明，作為老師在出題時，會不會變得更加困難？」

每次聽見這樣的問題時，張老師就會產生這樣的疑問：難道能考高分的學生就一定是真正的頭腦聰明的人嗎？張老師在進行思考後，得出了這樣的結論：他人口中的頭腦聰明，應該是指能夠進行深度思考。

雖然學生們在作答時，都會進行深度思考，才能得出高分。但頭腦的聰明程度，不能只依靠高分來衡量，因為深度思考本身就不是數值化的。

在社會上普遍存在這樣一個片面的觀點：知名大學的能夠得到高分的畢業生，不管在哪裡都是聰明的人。許多人將高分與頭腦聰明劃上等號，甚至還有領導者會不斷的進修學習，來提高自己的「分數」。

正是這樣普遍性錯誤的觀點，讓一大部分人都不斷的追求「高分」。但要想得到「高分」，就必須透過不斷的學習，將大量的知識護送到腦海之中。一旦在中途進行深度思考，就會降低知識輸送的效率。因此，有許多人都認為自己思索判斷，還不如直接將知識背下來，透過記憶知識數量的增多，獲得自我滿足，從而忽視了深度思考。

當然這並不是否定那些獲得高分的人，也不是阻止領導者去學習。而是提醒領導者需要將注意力集中在培養自己深度思考的能力之上，不要只放在獲得高分之上。

曾經報導過這樣一個新聞：某知名大學的學生將髒衣服從

學校郵寄回家清洗，雖然分數高，但缺乏獨立生活的能力，是典型的「高分低能」。

張老師結合社會的案例報導，分析了部分學生，得出了這樣的結論：深度思考時頭腦聰明的表現，也是一個人最強的實力；頭腦聰明的人不一定是深度思考者，但深度思考者一定是頭腦聰明的人。

## 用行動的勤補思考的拙

在社會中有一部分領導者強調實做，要求員工要腳踏實地、要聽話。因此許多員工在大部分時間理就是埋頭苦幹，任務分派下來之後就去做，但很少思考為什麼要這樣做。

這就像尋找戀愛對象一樣，找到一個目標後，也不思考合不合適，就去盲目的追求。就算成功，也不能長久；就算失敗還可以用「自己努力得還不夠……」的藉口來安慰自己。

勤奮是領導者成功的關鍵因素，但不是唯一的因素。深度思考才是決定是否會獲得成功的關鍵，用執行戰術的勤並不能補思考策略的拙。

一位企業家A曾向另一位企業家B請教投資的問題。B說：「我相信天道一定能夠酬勤，如果你足夠勤奮，就一定能夠做一個成功的投資者！」但A卻反駁了他的建議，認為天道不一定酬勤，勤奮是一個因素，深度思考是另一個因素，但關係並不是互補。

## 反應快速就是深度思考的結果

某企業在開會時，領導者率先說明：針對本次企劃的方案，大家來談談自己的想法與建議吧！員工小李立刻提出了自己的想法：「本次活動的計畫是……，我是這樣想的……」員工小張在小李提出自己的看法後，也隨後提出了自己的建議與想法。而小周一直在會議之中保持沉默。小周不發言，讓其他的員工都感到焦灼。

因為大家的時間都是寶貴的，認為開會就是在浪費時間、拉低工作的效率，而小周不發言會浪費更多的時間。對於創意型人才來說，靈感勝過一切，他們認為小周在拖後腿，是整個團隊中工作效率最低的人，會給其他員工帶來負面影響。

在這個場景之中，大部分領導者都會認為小李是深度思考者，因為他能做到即問即答，能夠針對問題做出快速的反應。在「速度至上」的企業氛圍之中，小李會被認為是聰明的人。

但是無論問題回答得多快，答案並不一定正確。小李只是反應迅速，而是否進行了深度思考也無法確定。面對提問迅速回答，只能算做是下意識的反應，而不是深度思考的結果。

## 認真思考、花時間思考就是深度思考

每個人每天都會思考，例如，網路上流傳的日常「三問」：「早上吃什麼？中午吃什麼？晚上吃什麼？」這樣的思考還停留在思想淺層次，並不是深度思考。有人會繼續思考「吃番茄與雞蛋的營養足夠嗎？怎樣的葷素搭配才會更好？」等。

這樣的思考雖然花費了時間，但並不是深度思考，只能算是下意識的進入思考的自我對話之中，雖然抓住了「吃什麼」這一本質問題，但過程沒有邏輯性可言，最終也沒有得出結論。

真正的深度思考應該是能夠抓住問題的本質，並透過思考得出對行動具有指導性、可行性、建設性的結論。

## ●【深度思考模型】透過「試錯」接近問題的本質

在摒除了對深度思考的錯誤認知之後，可以讓領導者更加了解「深度思考到底是什麼？」這一問題。深度思考的重點在於「深度」一詞上，而不是腦海中浮現的「話語」。這是深度思考與思考的本質區別所在。

深度思考就是指當眼前出現一個未知的事物時，在頭腦中反覆的思考「這是什麼？」，然後形成一個全新的概念。

假設，你發現了一種未知的植物時，首先就會將這種生物與自己以前的認知配對，思考這種植物是灌木還是闊葉木，抑或是草本植物？這就是思考的過程。

深度思考就是當你發現這種植物與自己的認知不符時，就會嘗試從各個角度去觀察，聞一聞味道、仔細觀察其特徵等。透過「試錯」的過程來明確「這究竟是什麼」，最終形成一個全新的概念。其模型如圖 5-1：

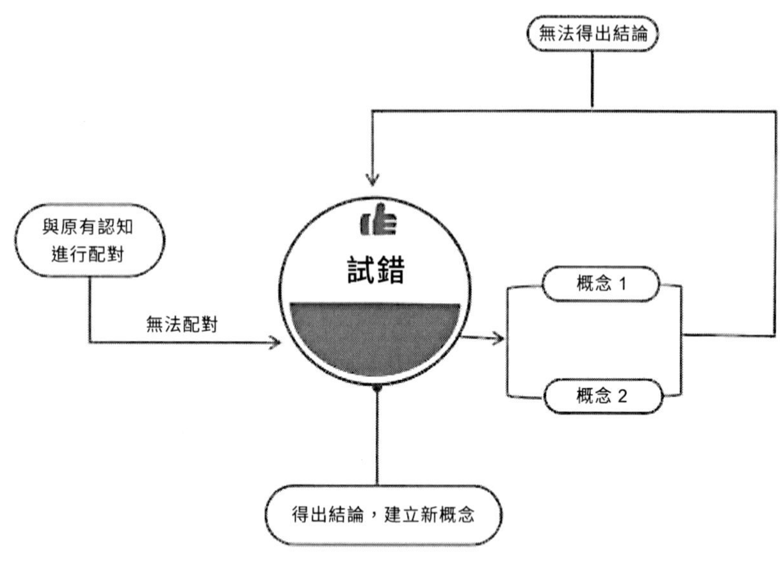


圖 5-1 深度思考模型

除了發現未知之外，透過這一模型發現已知事物的另一面也是深度思考。

綜上所述，深度思考就是在不省略過程的前提下進行思考，透過不斷的試錯，逐漸逼近問題的本質，產生新認知並推導出自己答案的行為。

透過深度思考，領導者可以在發現試錯的過程中，轉變自己的認知，強化自己的思考能力，培養出能夠靜心思考問題的特質，從而更好的領導員工共同建立思考型組織。

## ●【互動練習】企業為什麼要出具所得稅審查報告？

在思考這個問題時，需要去提出自己的觀點，然後可以參考他人的觀點，先在自己的認知中進行「試錯」，並逐漸得出答案。

表 5-1 自己和他人想法

| 觀點 | 你的想法 | 管理者想法 | 同事想法 | 老闆想法 |
|---|---|---|---|---|
| 所得稅審查的意義 | | | | |
| 所得稅審查的好處 | | | | |
| 轉嫁稅收的風險 | | | | |
| 企業在什麼情況下不可以做所得稅審查？ | | | | |

## 5.2 深度思考對於企業為何如此重要？

**思考要點**

深度思考是領導者必須具備的能力，能夠讓領導者避免走向過度思考的死胡同；提高領導者尋找問題本質的能力，以便更好的解決問題；幫助領導者打破慣性思維，實現創新。領導者是企業的「大腦」，只有大腦先學會深度思考，才能統領全局，使企業避免因無思考而帶來的毀滅。

### ●【思考小場景】只做不想是隱患

某公司企劃部新加入兩個女生，一位乖巧聽話，另一位則是耿直有想法。在三個月實習期之後，公司辭退了前者。

據公司的人事解釋：那位被辭退的女生雖然聽話，別人交付給她的任務，她都說「好」，可謂是「來者不拒」。雖然這位女生「聽話」，但在效果上卻大打折扣，要麼就是不能在規定的時間完成任務，要麼就是完成的品質低下。

有一次，在下班之前主管收到緊急通知，需要提交一幅宣傳海報。於是問她是否願意加班，她爽快的答應了。但設計的海報上面竟然還有錯別字。在修改的時候，花費了大量時間，耽誤了宣傳，降低了客戶對公司的信任。

而另一位女生雖然不願意加班，為了自己的想法甚至會與主管互相爭論，但她的任務完成效率高，且品質好。時不時還會在爭吵之中為主管提供一些富有實踐意義的想法，就連一些難纏的客戶都對她大加讚賞。

這兩位女生的區別就在於是否進行了深度思考。深度思考的領導者與員工都會將工作的重點放在完成的品質與效率之上，並不斷的思考可以提高效率的方法，而不是汲汲鑽研討好上級的辦法。工作的目的是為了讓主管開心，而不是為了完成交付的任務，如果被這樣的想法支配，企業就會沒有未來，甚至還會為企業釀下大禍。

企業需要的不是表面順從的員工，而是能為企業帶來新鮮血液的員工。正所謂「問渠那得清如許，唯有源頭活水來」，深度思考是一個企業的活力的泉源。一旦領導者與企業的員工不願意深度思考，或者喪失了深度思考的能力，就會變成一潭死水。

## ●【重點分析】深度思考的重要性

深度思考決定著企業發展之路是否能夠長久。從 1980 年代開始，世界經濟快速發展，產生了重大的變革，並誕生了新經濟，在這種背景之下，深度思考尤其重要。

### 不深度思考，會摧毀企業的未來

有這樣一個故事：一隻火雞被主人百般呵護的餵養了一年多，生活得非常幸福。直到感恩節前一天，火雞以為自己也能像往常一樣，獲得美味的事物，沒想到卻等來了死亡。

這樣的「火雞」在股市中也存在，許多股民盲目跟風，成為他人餵養的火雞，禁不住誘惑，甚至還有人將畢生積蓄投入股市，結果卻深套其中，慘敗而歸。

領導者是企業的「大腦」，如果「大腦」壞了，四肢自然不能進行有序的動作。如果領導者不深度思考，有很大可能會變成「火雞」。並且會將其自身的安逸因子在企業內部傳播，讓員工感受到安逸的快樂，最後同化整個企業，將整個企業變成一個無法思考的「火雞養殖場」，只等待其他企業來「宰殺」，最終走向毀滅。

曾為美國高階智囊的布里辛斯基（Brzeziński）認為：全球化會將財富集中在全球 20% 的手中，讓 80% 的人「邊緣化」。為了緩解貧富差距帶來的矛盾，唯一的辦法就是對那 80% 的人塞上「奶嘴」，讓他們沉浸在為他們量身打造的娛樂資訊之中，不斷的摧毀他們的深度思考能力。

如果領導者不帶領員工去深度思考，就會被市場劃分到那 80% 之中，在不知不覺中逐步喪失市場占比，等到反應過來時，企業已經陷入危機，為時已晚。

## 使企業避免陷入過度思考的死胡同

某天，某公司的領導者與一個員工在街上擦肩而過，該員工只看了領導者幾眼，卻沒有打招呼，這足以讓領導者納悶：他盯著我看幾秒不打招呼是什麼意思？他對我有意見嗎？我曾經因工作問題和他爭執過嗎？他是不是想對我說什麼……

這是正常狀態，因為無論在任何場合，想法總比實際行動多，這就是發散性思維。在大多數情況下，發散性思維可以幫助領導者打開事業，想到新的創意點，激發創造力。心理學家指出，發散性思維是創造性思維的重要組成部分。

但曾有一個人這樣表述：我很喜歡思考問題，但很難停下思考，即使是在吃飯時大腦仍在高速旋轉，隨時隨地都在進行無目的的思考。這就是過度的發散性思考，會使一個人的思考狀態混亂，沒有主線，使思考失去了價值。

發散性思考是由一種想法向外輻射為多個想法，沒有主線；而深度思考，是從一個想法上深度挖掘，呈現為直線思考，具有明確的主線。深度思考可以讓領導者在發散性思考時就一條線進行深度思考，發現行不通再換另一條線。這就是深度思考中的「試錯」環節，在一定程度上避免領導者過度的發散性思考，從而避免被過度思考逼入死胡同。

## 透過現象看見問題的本質，解決企業問題

亞馬遜雨林裡有一隻蝴蝶輕輕扇動翅膀，就有可能讓美國德州在兩週之後發生龍捲風。這就是蝴蝶效應，發現了蝴蝶與龍捲風這兩個看似毫無關係的事物之間的本質關聯。深度思考，就可以發現蝴蝶效應。

美國的通用汽車公司曾處理過這樣一個事件：有一位客戶每週都會駕駛該公司生產的汽車「龐帝克」去購買冰淇淋。但是

每當買草莓的冰淇淋時，龐帝克就不能正常發動，而購買其他口味的冰淇淋並不會出現這種情況。於是客戶寫了一份投訴信。

公司派遣一位經驗豐富的工程師前往解決這一問題。在經過反覆的實驗之後，工程師發現草莓味的冰淇淋擺放在冰淇淋店的最外端，客戶購買花費的時間最短，車的引擎散熱還未完成，不能順利發動。正是因為深度思考，使工程師發現了冰淇淋的位置與汽車發動之間的關聯，從而順利解決客戶的投訴問題。

深度思考並不是單純的直線型思考，在大多數情況下都是立體呈現出來的。例如蝴蝶效應就是對關聯性的思考。透過立體的深度思考，可以準確的發現問題的本質，這是領導者處理企業管理問題的重要方法。

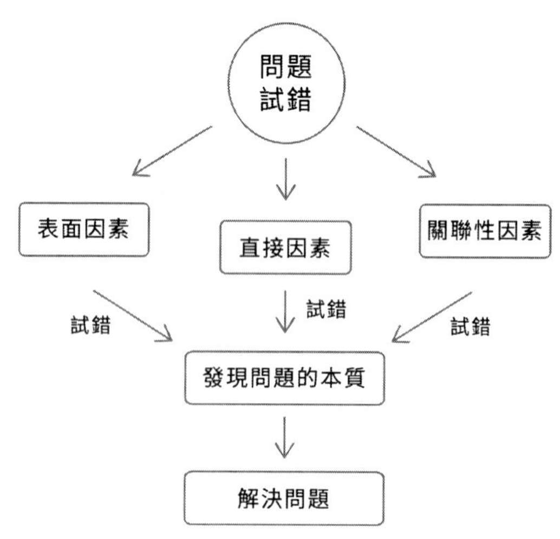

圖 5-2 深度思考的立體呈現模型

## 打破固定思維，促進企業改革創新

有一家大型書店雖然分店密集、涵蓋面積廣，占據了圖書產業的主導地位，但其發展理念與已開發國家相比，還相當陳舊落後，缺乏市場化、產業化的策略思維；其次其產權不明確，企業本身的話語權不夠。

為了適應當今的經濟市場，書店的總負責人根據實際情況出發，深度思考了自身的優勢、劣勢、機遇與威脅（SWPT），設計了「集約化到市場化」改革的路徑。在改制方面，採用母子體系與二級法人的制度：即將原先的一家大店變為母公司作為控股公司，將小店改為子公司，並一步一步實現股份上市的改革目標。

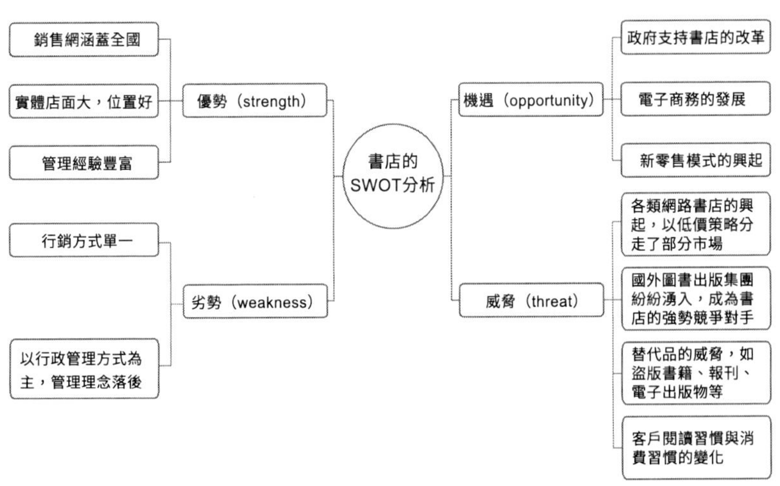


圖 5-3 書店的 SWOT 分析

透過深度思考，書店開始逐步打破其陳舊的經營管理理念，已經實現了線上與線下相結合，成功升級部分門市。並在 2018 年，整合 12,000 家實體門市，建立了線上商城。

除此之外，書店還根據客戶多元化的需求與消費方式，創建了「悅讀生活」的理念，打造城市書房，將單純的售書場所打造成一個集休閒娛樂、文化等內容的服務場所，從而將場景服務打造成主體業務，從而提高企業收益，促進長遠發展。

書店的改革就是企業的領導者透過深度思考，打破認知局限，拒絕照本宣科的案例。在改革的過程中，書店不斷的利用 SWOT 法分析自身的具體情況，圍繞改革這一目的，設計出符合市場規律的方法。

領導者也可以借鑑書店改革的經驗，透過 SWOT 分析法不斷的思考自身的情況，然後設計符合自己企業發展的計畫。在深度思考時，領導者會逐步明白自己設計計畫的目的，然後根據這個目的不斷的展開思考，深挖問題的根源，直至制定出最佳計畫。在此之後，領導者還會根據市場環境、政策等因素，不斷改進計畫。在這一過程中，領導者會逐步明確客戶的需求點，設計出有效的方法，打破照本宣科的局限。

領導者進行有效的深度思考，可以為企業的發展謀出一條新的路線，避免企業走向毀滅。企業領導者還需要發揮自身的表率作用，使員工上行下效，積極進行深度思考，從而打造一個思考型組織。

# 5.3 深度思考的四個向度

**思考要點**

**思考程度的深淺決定著是否能夠打破慣性思維。領導者要想加強自身與員工思考的深度，需要明確阻礙深度思考的因素，才能規避這些障礙，並從不同向度去進行深度思考，解決問題。**

## ●【思考小場景】思考程度的深淺決定著行動效果

有兩家書店甲與乙，為了應對電商平臺帶來的衝擊與挑戰，開始向網路轉型但效果各異。

書店甲只在資源配置上進行了改革，將內部的一些資源分配給網路，與電商進行合作，在網路上建立賣書平臺，但效果並不理想。電商可以直接從書籍供應商處拿貨，但該書店的網路平臺還需要從書店內部拿貨，書籍產品經過了二次轉移，價格較貴，無法與電商競爭。

書店乙在在資源配資、盈利模式等方面都進行了改革。首先書店乙與供應商直接合作，供應商直接將書籍提供給網路書店，不需要進行二次轉移。其盈利模式轉變為線上與線下相結合，線上主要是提供賣書服務，線下主要提供環境服務：即透過向消費者提供安靜舒適的閱讀環境收取服務費。其改革獲得了極大的成功。

甲乙兩家書店的老闆都進行了深度思考，為什麼效果卻完全不同呢？

根本原因就在於書店乙的老闆比書店甲的老闆思考的程度更深，書店甲還未完全打破原有的思考模式，只做了部分改革，沒有從整體上去掌握問題。思考程度的深淺決定著領導者是否能夠成功打破慣性思維。

## ●【深度思考分析】阻礙深度思考的因素

領導者要想成功打破慣性思維，進行深層次的思考，就需要先了解阻礙深度思考的因素有哪些，才能逐一擊破。以下就是阻礙領導者深度思考的思維及因素。

### 因果倒置

忽視本質，只看表象，將表象作為解決問題的原因。例如，領導者發現「某產品銷量不好」，就得出「一定要快點將這些產品賣掉」的方法。這就是因果倒置，自相矛盾，無法真正的解決問題。

### 滿足與普通解

領導者在遇見問題時，可能只會根據原先的解決方法去制定計畫。例如，「某產品銷量不好，一定要快點將這些產品賣掉」，可以用打折促銷的方式來解決。這種看似可以解決問題的方法，實質上是沒有抓住「為什麼產品銷量不好？」這一本質問題。

**依賴框架**

領導者在遇見問題時，可能會發現一個可以快速進行資訊整理的框架，並一直沿用下去。例如，前文中提到的「SWOT」分析法，雖然可以適用於大部分問題，但不能所有問題都用這一個框架，領導者應該有自己的思考。

**拘泥於初步假設**

領導者在面對問題時，會進行思考，自行假設，並不斷的試錯。但有時，在試錯的過程之中，會一直拘泥於自己的初步假設之中，無法跳出這個角度去看問題。

**忘記思考的目的**

領導者在收集解決問題的資訊時，陷入對資訊分析的狂熱之中，而忘記了收集資訊的目的。例如在會議上，領導者為了重點闡述某一觀點而長篇大論，導致偏離會議的主題。

**全盤接受員工的建議**

例如，領導者在接收到員工的建議時，會覺得某一員工的建議值得採納，在了解了另一名員工的想法後，也覺得可以接納。這樣就是全盤接受他人的觀點，沒有自己的深度思考的表現。

## ●【重點分析】深度思考的四個向度

領導者要剔除阻礙深度思考的思維與因素，可以從以下四個思考向度來思考，提升自己的思考的深度。

### 多向度思考

正所謂「千人千面」，每一個人都會有不同的面，每一件事物也是如此。例如，明月在天文學上就是圍繞地球運行的天然衛星；而在文學方面，明月往往與鄉愁掛鉤，是一種意象。在不同的學科中，明月有著不同的定義。

領導者在進行深度思考時，就是將同一問題的不同層面發掘出來，用不同的視角去觀察這一問題，從而獲得不同的解決思路，將這些思路進行整合改進，就是解決問題的關鍵。

在網路的問答平臺上，多向度思考可謂是常態，往往會有許多人針對同一問題，以不同的角度去解答。例如，在一個關於「如何學習」的話題下，有人從學習方法的角度回答，有人從學習動力的角度分析，還有人從學習思維的角度來解決這個問題。透過這些層面，可以了解到學習的多個層面、多種解決方法。

領導者也可以在這種開放式的平臺的話題下留言，再看看其他人的回答，並做一個對比，判斷自己思考角度方面的缺陷，並有針對性的進行培養。在不斷的轉換視角中去觀察自己目前正在處理的問題。

可以說多向度的思考是深度思考最重要的一環，這可以幫助領導者從整體上去了解問題、掌握問題，從而明確解決問題的方向。

## 具體化思考

具體化思考指的是將某一個想法具體化。例如，為這個想法增添案例或者細節，使想法具備可行性。

例如，領導者在員工大會上發表演講前，就需要先在腦海中勾勒出自己演講的大致結構與內容，然後準備演講稿，在寫出內容與結構之後，發現觀點太過薄弱，還需要用案例來增加說服力。領導者透過再次檢查，發現演講稿表述得太過片面，還需要從其他層面去談論某一個問題，然後再加上自己的多角度的思考。這樣，一篇完整的、邏輯性強的且具有說服力的演講稿就完工了。

寫作或者是繪圖，是領導者進行具體化思考的重要方法。領導者可以在具體化的過程之中，發現自己思想上的不足之處，從而慢慢的提升自己的思考深度。

## 思考前因

道家認為「天道好輪迴」，佛家相信「因果循環」，任何事情都有其發生的原因，哪怕這件事情微不足道。

領導者在面臨問題時，應該去思考為什麼會出現這個問題，因為這個原因往往就是解決問題的突破點。例如，某團隊出現業績下滑的問題，可能就是因為一位員工的負能量影響到了整個團隊。領導者就應該圍繞消除員工的負能量去制定計畫，而不是圍繞提升業績的方法來制定計畫。

思考前因實際上就是注重細節，發掘細節背後隱藏的關鍵，而只有明確了關鍵所在，才能讓自己的思想更具邏輯。思考問題出現的原因後，還需要思考後果。

## 思考後果

在社會之中，任何事情都不可能是孤立存在的。如同推倒西洋骨牌一樣，一個問題的產生會對其他的事情產生影響。領導者需要做的就是在思考問題前因，找到解決問題的突破點之後，思考自己制定的解決方案可能會出現的結果，思考出現不好的結果後，應該怎麼處理。

例如，有人在減肥時，遇見美食卻忍不住想去吃。在這種時刻就需要思考雖然吃了美食會帶來心靈上片刻的歡愉，但會導致這段時間以來的減肥效果降低。而且「有一就有二」，這很可能就是減肥失敗的開端。而失敗之後，又會後悔。透過這樣的後果聯想，就可以及時的遏制住蠢蠢欲動的心，將減肥貫徹到底。

這一步驟就是領導者透過思考自己的決策與計畫可能會造成的影響，來調整或者改變決策和計畫方案。

深度思考不僅是一種能力，更是一種習慣。領導者只有經常的進行深度思考，將其變成自己的思考習慣，就能在最大程度上提升自己的思考能力，從而為員工做出表率，並有能力幫助員工進行深度思考，最終實現打造思考型組織的目標。

## 5.4 四大步驟讓你成為一個深度思考的領導者？

**思考要點**

**深度思考就是逼近問題的本質，尋找構成問題的要素，以及解決這一問題的突破點。可以將問題的要素羅列出來，形成具有邏輯性的模型。問題的產生的根本原因就是解決問題的關鍵。領導者可以透過建立模型、尋找突破點、制定對策、執行對策來深度思考、解決問題，從而成為一個深度思考的領導者。**

### ●【深度思考案例】

前幾年日本某公司推出的掃地機器人能夠引發購買熱潮，與該企業領導者的深度思考密不可分。當時市場上的清潔產品都是圍繞超強吸力、提升手感等消費需求，來設計產品。

而該企業的領導者並沒有跟風形式，而是透過不斷的審視企業的目標與全面市場調查，了解到消費者真正的心聲——不用自己親自動手掃地。該領導者在深度思考時，分析企業的願景，並將企業自身願望與消費者心聲重合，而找到最具有價值的需求點。

如果依舊按照市場上默認的客戶需求去設計產品，他們的掃地機器人很可能就只是普通的吸塵器，在市場競爭中沒有突出的競爭優勢，最終會被市場的新一代產品取代。

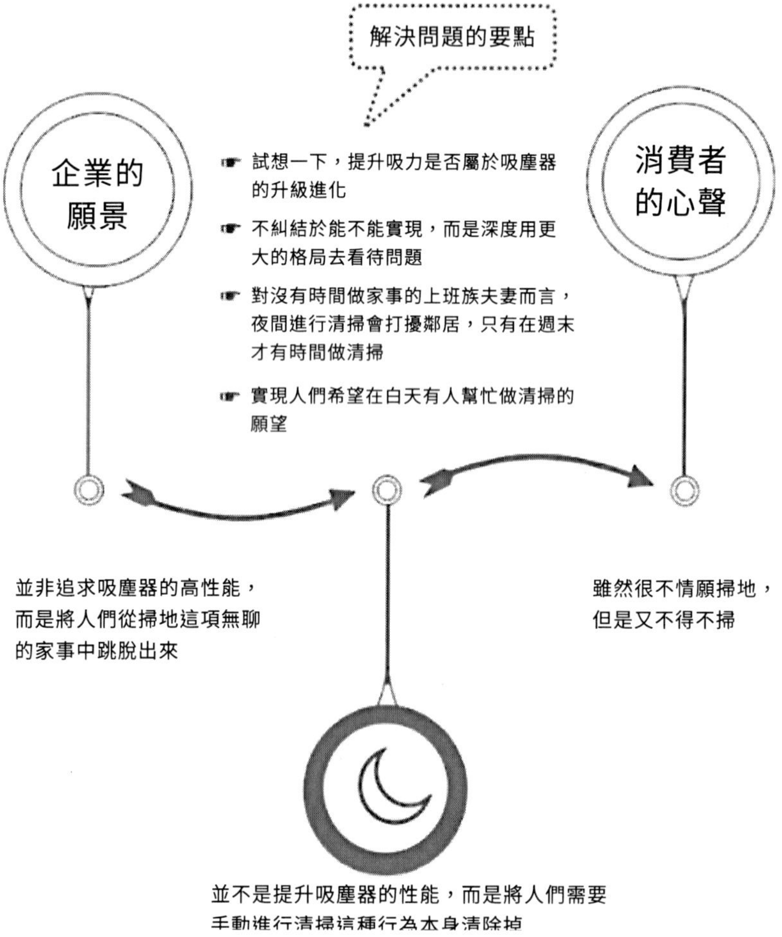

解決問題的要點

企業的願景

☛ 試想一下，提升吸力是否屬於吸塵器的升級進化

☛ 不糾結於能不能實現，而是深度用更大的格局去看待問題

☛ 對沒有時間做家事的上班族夫妻而言，夜間進行清掃會打擾鄰居，只有在週末才有時間做清掃

☛ 實現人們希望在白天有人幫忙做清掃的願望

消費者的心聲

並非追求吸塵器的高性能，而是將人們從掃地這項無聊的家事中跳脫出來

雖然很不情願掃地，但是又不得不掃

並不是提升吸塵器的性能，而是將人們需要手動進行清掃這種行為本身清除掉

圖 5-4 深度思考掃地機器人的過程

該企業的領導者透過深度思考，找到了消費者最本質的需求，將困難的事情變得簡單，在根本上解決問題。如果其他領導者也可以如同該領導者一樣，深度思考消費者新的消費需求，就可以做到深入簡單的事，簡化困難的事，最終為企業的發展找到新的創意點，並激發員工的創造力。

那麼領導者究竟如何才能做到深度思考呢？雖然深度思考不是絕對的、可數值化的，但依舊有思考的方法論支撐。領導者可以根據以下方法，將複雜的問題邏輯化、簡單化，不斷的培養自身的深度思考能力，成為一個深度思考的領導者。

### ●【要點分析】深度思考的四個步驟

在本章的第一節介紹了深度思考的通用模型，領導者可以透過不斷的「試錯」發現問題的本質。而問題的本質包含構成這一問題的眾多因素與形成問題的原因、解決問題的突破點。深度思考的研究者平井孝志用「系統動力法」，將構成問題的要素概括為「模型」，將形成問題的原因，與解決問題的突破點概括為「動力機制」。

根據這兩個概念，領導者可以透過以下四個步驟進行深度思考，不斷的培養自身的深度思考能力。

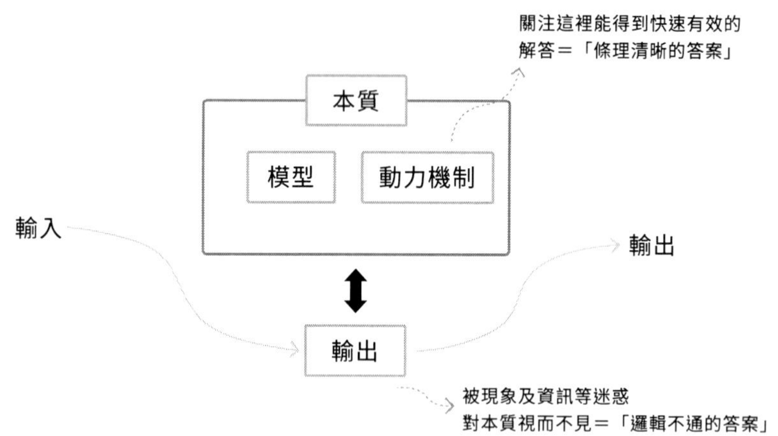


圖 5-5 透過「模型」與「動力機制」發現問題的本質

## 步驟一：建立模型

「模型」就是領導者將構成問題的要素透過具有邏輯性的模型呈現出來，包括這些要素之間的關係，領導者在發現某一問題時，可以將構成這一問題的要素及其相互關係用模型列舉出來。

具有邏輯性的模型建構有 5 個要素，及輸入源、輸出點、競爭關係、合作關係與影響者。例如，某航空公司在解決「讓顧客享受更舒適的航程」這一問題時，該公司的領導者在進行深度思考時，先建構了這樣一個邏輯性的模型，如下圖：

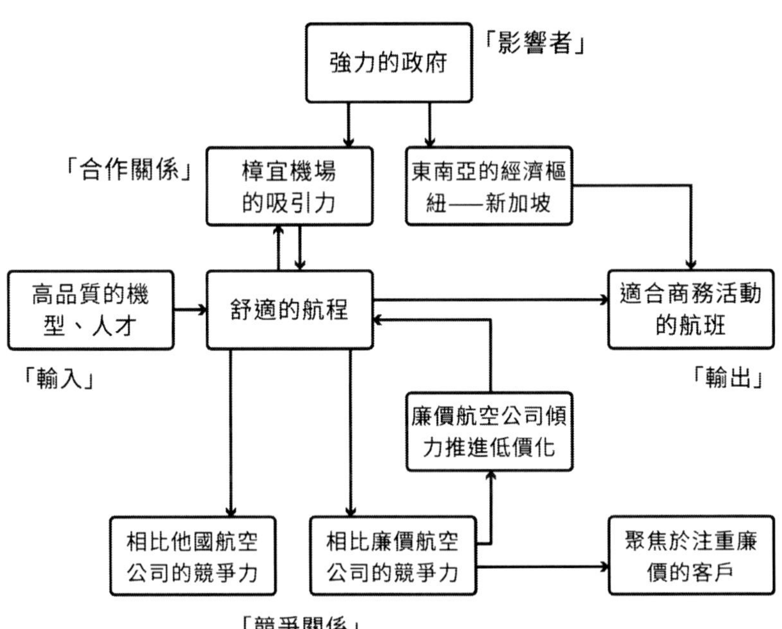

圖 5-6 航空公司打造舒適航程的構成要素模型

根據上述示例，領導者可以明確：輸入源就是解決這一問題所需要的資源，比如時間、金錢、技能、人才等；輸出點就是產生的結果，比如工作報告，具體方案等；競爭關係就是標明競爭對手；合作關係就是明確可以請求幫助的合作對象；影響者是只對模型整體產生重大影響的要素，比如最高決策者、制度等。

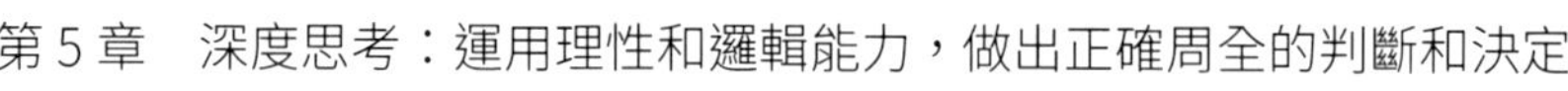


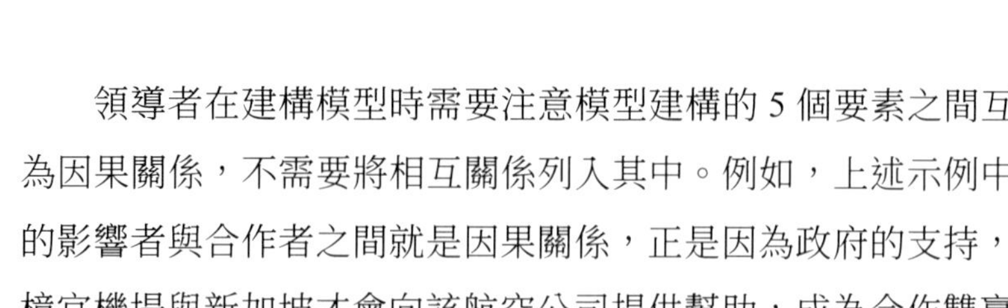

領導者在建構模型時需要注意模型建構的 5 個要素之間互為因果關係，不需要將相互關係列入其中。例如，上述示例中的影響者與合作者之間就是因果關係，正是因為政府的支持，樟宜機場與新加坡才會向該航空公司提供幫助，成為合作雙贏的合作關係。

除此之外，領導者建構模型還需要考慮層次，要確保模型的邏輯不出現錯誤，這樣才能加深對問題本質的理解。領導者最好將這個模型「視覺化」，即在紙上將模型畫下來。

有時候，領導者在腦海中建構模型，會覺得自己已經想明白了，但畫在紙上時，會發現還有一些可以繼續改進的問題，這樣可以對模型進行完善。在將模型「視覺化」的過程之中，領導者應該清楚將模型畫在同一張紙上，避免因翻頁帶來的思維混亂與邏輯差錯，而是可以更加方便查看。

**步驟二：解讀動力機制**

「動力機制」就是領導者尋找到問題的根本原因，以及可以解決問題的突破點或者原動力。明確動力機制的要點就是要求領導者以變化的眼光去看待問題的發展，捕捉模型根據問題的發展而不斷變化的模型產生的結果。

問題的發展變化是一個動態的過程，對應的結果也是動態變化的。領導者要想在動態的變化之中，捕捉到某一個結果，是一個十分困難的過程，領導者可以根據「拐點」、「相變」、「深入探索本源動力」來捕捉。

拐點就是臨界點，就是問題發生的時間點。例如，某員工的業績下滑，不可能是無緣無故的下滑，而是有徵兆的，如工作狀態開始下滑、工作態度開始消極。這些徵兆發生的時間點就是問題產生的時間點，也是形成問題的相關原因。

相變就是動力機制不再延續，問題發生了本質的變化。例如，某員工業績下滑，並對公司其他員工帶來了負面影響，耽誤了某一工作項目的進度，使公司受到損失。這時問題已經由「某員工業績下滑」變為「公司受到損失」。動力機制也有「員工工作狀態不好」等變為「某員工帶來的負面影響」。

如果領導者還是無法理解相變，可以透過「水變成冰」來理解，這是典型的相變。相變前後的問題不再相同，其解決的辦法也會產生差異。領導者了解問題相變的時間點，或者是相變的方向，可以明確正確的問題，從而才能制定方案解決問題。

深入探索本源動力，就是找出引發原始問題的關鍵以及問題產生相變的驅動力。例如，上例中提到的問題由「某員工業績下滑」相變為「公司受到損失」，其本源動力就是該員工的負面影響力。探索根源，是領導者解決問題的關鍵，是深度思考必要的對象。

### 步驟三：尋找改變模型的對策

從現象無法真正解決問題，只有從問題的本質出發，才能真正解決。這就是為什麼領導者要解讀動力機制的原因。領導者透過第二步，尋找到了問題的根本所在，接下來就要改變問題模型的對策。

改變模型就需要根據改變的支點打破舊有模型，而改變的支點往往與本源動力掛鉤。

依舊以「某員工業績下滑」相變為「公司受到損失」為例，其本源驅動力是該員工的負面影響力，因此改變模型的支點就是消除該員工帶來的負面影響力，領導者就要圍繞這一點來尋找對策。

例如，領導者可以透過團建活動來激勵員工、鼓舞士氣；還可以與傳播負面影響的員工談話，如果無法生效，甚至可以將該員工開除；領導者還可以透過晨會等會議傳遞正能量，消除負面影響等。透過這些方法可以及時的解決問題。

## 步驟四：行動，從實踐中獲取回饋

正所謂「紙上得來終覺淺，絕知此事要躬行」，光有方法與對策而不實施，終究是「紙上談兵」，毫無實用之處。第四步主要就是講深度思考的結果變成行動，在行動中去驗證前三個步驟的正確性，再根據檢驗的結構回饋，繼續去調整思考的路線與方法，這就是試錯。

試錯，就是行動最根本的價值所在，透過反覆驗證前三個問題，去調整解決問題的方法，讓思考變為真正的深度思考。

透過以上四個步驟，領導者可以較快的進入深度思考，並且保證自身思考的有效性，為員工做出表率作用的同時，還為企業的未來提供了長久發展的機會。

最短的距離是從手到嘴，最遠的距離是從說到做，接下來，我們將提供培養深度思考能力的實踐方法，來幫助領導者實現培養深度思考能力的實踐。

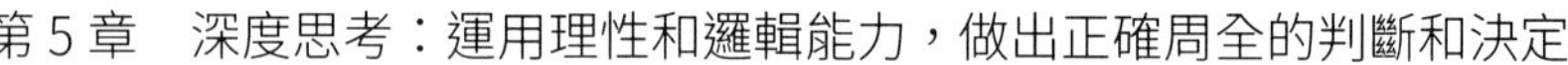

## 5.5
# 五個實踐方法，培養組織的深度思考力

**思考要點**

**正所謂「欲速則不達」，培養組織的深度思考力不是一蹴而就的，而是需要不停的鍛鍊，才能培養。領導者可以充分利用團建活動、晨會等各種會議反覆運用以下五個實踐方法，培養員工的深度思考力，打造思考型組織。**

### ●【思考小場景】短期培訓能快速提升深度思考能力嗎？

我認識一位房地產企業的銷售主管，名字叫小夏，團隊內部出現一些問題，導致顧客部分流失，銷售量劇減。小夏在與團隊進行討論後，認定問題出現是因為團隊員工缺乏工作熱情，從而無法專心工作。小夏針對提升員工工作熱情制定了一系列計畫，雖然員工都以極高的熱情去工作，依舊沒有提升銷售量。

最後經過其他團隊管理者的分析，才發現是因為售後服務不到位，客戶中的意見領袖大加宣傳，最終導致銷售量減少。小夏一開始就沒有理解需要思考解決的對象，最終也沒有解決問題。

其他的團隊領導者建議小夏去參加深度思考的培訓，提升自己的深度思考能力，從而更好的應對團隊中出現的問題。小夏不僅在網路上看了大量的影片，還參加了快速提升深度思考能力的培訓班，在這之中花費了大量時間與精力，卻發現沒有任何效果。

小夏發現深度思考是不能透過短期培訓而得到的，縱觀那些大人物，就是在長時間的實踐之中，培養出深度思考能力的。

深度思考，是一種思考方式與習慣，需要長期的培養，不可能一蹴而就。這需要領導者在平常的管理行動、生活中有意識的去培養。這不僅是領導者應該做到的事情，也是每一個員工應該去做的事情。因為培養深度思考力不僅能夠提升自己的思維層次，為自己創造更好的發展前景，還能促進思考型組織的創建，使企業得到長久發展。

領導者可以根據以下 6 個實踐方法，培養組織深度思考力，讓企業內部的每一個員工都能有所提升。

### ●【要點分析】培養領導者思考力的 6 種實踐方法

#### 對新聞的標題進行聯想

領導者可以在每天的晨會中，花費五分鐘的時間完成簡單的訓練。讓員工輪流每天準備一篇新聞或者其他的報導，讓其他員工根據新聞的題目推測新聞的具體內容或者大致結構。

假設有一則報導的名稱為《A 品牌手機銷售再創新高》，員工與領導者在進行聯想時就會思考：「為什麼 A 品牌手機的

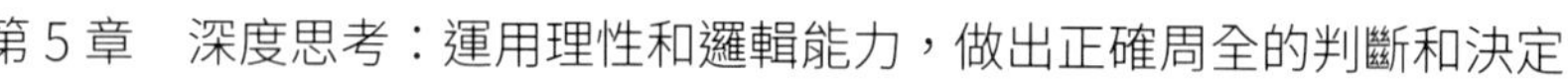


銷售額可以再創新高？」、「構成這一現象的因素有哪些？」、「這些因素之間存在怎樣的因果關係？」、「A 品牌的競爭對手是誰，合作夥伴又有哪些？」

除此之外，員工還可以繼續思考：「這樣的成長還會繼續持續下去嗎？銷售額還能再創新高嗎？」等，員工可以盡可能的根據題目延伸、聯想內容。然後進行討論，分小組說出自己的思考結果。

員工思考的這些問題，實質上就是在建立模型、解讀動力機制。在討論完後，領導者再組織員工閱讀新聞內容，並與自己的聯想做比較。在這個過程之中，並不是為了追求思考的結果與新聞的內容一致，而是為了讓員工真正以不同的角度去看待某件事物，反省自己思考過程中的紕漏，避免在以後的思考中繼續出現紕漏。

如果領導者發現員工思考的成果比實際報導更為準確且接近問題的本質，就說明員工的深度思考能力得到了提高，打破了慣性思維。這是，領導者可以激勵員工，在最大程度上挖掘員工的深度思考的熱情，從而培養整個組織的深度思考力。

## 大量儲存思考模型

儲存的思考模型就是嘗試運用過去累積的經驗解決當下的問題。領導者可以透過晨會等會議分享其他案例中的思考模型，並透過虛擬演練，讓員工將這些模型放到具體的問題之中。這可以有效的幫助員工靈活運用思考模型，加深員工對問題的理解。

思考模型儲存得越多，員工在遇見問題時，就可以從更多的角度去思考問題的思考模型，從而使員工更加接近問題的本質。

領導者可以向員工分享以下思考模型，增加員工的儲存量，為他們解決問題提供更多的思考方向。

### 第一個模型：因急功近利而失敗的模型

有家超市因急功近利，迅速的開辦連鎖店，擴大規模，而導致破產。其模型如圖 5-7：

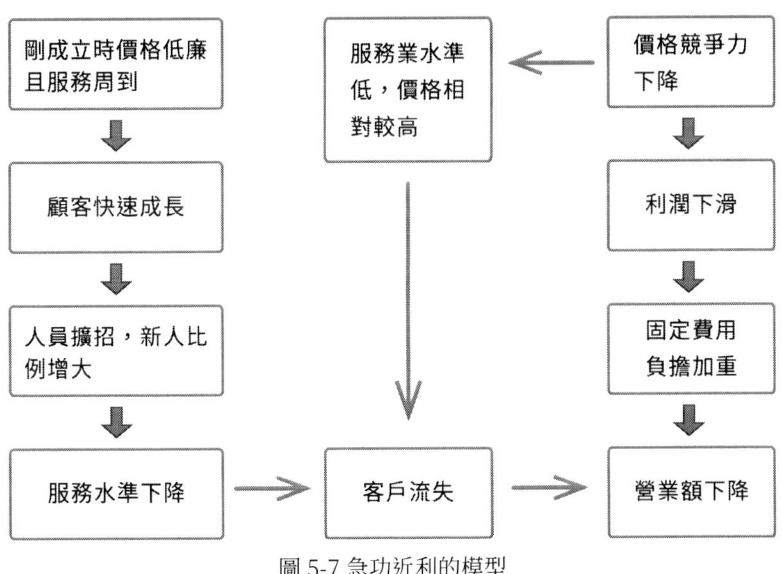


圖 5-7 急功近利的模型

這個模型的動力機制就是急功近利。例如一些在網路上走紅的手搖飲店，會迅速的在網路上尋找聯盟夥伴。這些加盟者其中甚至還有不懂經營的人，在開辦第一家店時，由於網路帶來的流量會紅一段時間。然後又開第二家店。此時流量的紅利期已經結束，繼續開店只是增加損失。

## 第二個模型：良性成長的模型

這個模型與急功近利的模型完全相反。例如一款社交 APP 在迅速走紅之後，採取穩定獲利的方案，例如透過廣告來抽取分紅、在平臺上直接提出相關商品的話題賺取廣告費等。

## 第三個模型：致力於提升產品性能的模型

這一個模型側重於產品的實用價值，透過提升產品的價值來提升產品的競爭力，吸引客戶。例如，日本的掃地機器人，就是透過提升自己的實用價值，將消費者的雙手從家務之中解放出來，獲得了較強的競爭力，獲得了極大的成功。

這樣的思考模型還有很多，不論是成功還是失敗的案例都有其思考模型，領導者可以讓員工每天輪流分享一個思考模型，增加模型的儲存量，為員工的深度思考提供更多方向，促進思考型組織的培養。

## 將思維視覺化

前文說到思維視覺化就是領導者讓員工將自己思考的模型在紙上展現出來，這可以讓員工更加直接的去思考自己的思考模型，用批判性的眼光去看待自己和他人的思考模型。

特別是建立模型與動力機制中，經常會出現一些需要用圖表進行表達的邏輯性內容，需要用紙展現出來，才能更好的查看其中是否具有紕漏或者錯誤。

領導者在召開團體會議時，可以先分享一個案例，然後讓員工將思考模型記錄下來，然後互相查看分析，評判對方的模型。這在提升團隊思考力的同時，也增強了團隊、組織內部的團結。

## 透過觀點碰撞，產生深度思考的「火花」

領導者讓團隊員工分析自己的思考模型，並加以討論，實質上就是要讓員工發出不同的聲音，讓員工之間能夠透過分析對方的觀點，來加深自己對這一個觀點的思考與理解。

領導者可以在星期五舉辦訓練活動，將員工聚集然後以部門、團隊劃分小組，然後提出一個話題，可以是時事焦點，也可以是其他企業的實踐案例。員工在各部門內部討論後，將員工的想法匯總，由一位代表人用黑板向全體員工展示。

每個部門的職責不同、思考的角度也會有所不同，透過這樣的方法可以讓員工從其他的角度去看待問題。在星期五舉辦活動就是可以預留足夠的時間，讓員工還可以在週末繼續進行深度思考，不斷的進行自我培訓。

## 去挑戰無解的問題

例如「50 年後這家公司會發展成什麼樣子？」等問題，都是無解的問題，因為沒有固定的答案。即使一家公司目前情況堪憂，但也許在不久之後就會成功改革，這個問題的答案如同人生一樣起起落落沒有定數。

領導者可以組織員工去思考這些問題，因為沒有固定的答案，反而能夠使員工打開思維，聯想得更為豐富。對於員工的聯想，領導者應該在情感上肯定，並用邏輯去判斷，鼓勵員工進行聯想的同時，也指出其思考中出現的一些紕漏。

透過以上 5 種實踐方法，領導者可以充分利用晨會等會議，潛移默化的培養員工的深度思考能力，從而打造思考型組織。

# 第 6 章

## 動態思考：擁抱改革，快速應付一切變化

變化恐懼症有兩種症狀，一是懼怕變化，二是等死不如找死。就如溫水煮青蛙，是應該立即跳出去嗎？還是應該老老實實的待在鍋裡，我們必須面對這個前途難以預料的時代，因為跳出去存在著危險，不跳出去也存在著危險，動態思考就是讓我們對於時間、空間進行不同角度的組合思考。

## 6.1 什麼是動態思考？

**思考要點**

**領導者遇見的許多問題，都不是原因單一的、可以簡單解決的問題。這些複雜的問題之間的結構也十分複雜，問題與問題之間，形成問題的各個因素之間，問題與結果之間等可能都隱藏著因果關係。這需要領導者去思考、去發現，從而解決問題。**

### ●【思考小場景】溫水煮青蛙，是跳出去，還是待在鍋裡？

溫水煮青蛙的實驗可謂是耳熟能詳，相傳這個實驗發生在 19 世紀末美國的康乃爾大學。有一位科學家做了一組對照實驗：將青蛙放入高於攝氏 40 度的水中，青蛙會因為水溫的刺激快速的從水中跳出，當科學家將青蛙放入冷水中，並以一個極緩慢的速度加熱時，青蛙就不會察覺水溫的變化，最終會喪失逃離熱水的能力而斷送性命。

針對這一個實驗，某企業在晨會之上提出了這樣一個問題：「如果你作為一隻青蛙，是會逃離溫水，還是會繼續待在鍋中？」

每個員工都有自己的觀點，大致可以分為支持青蛙跳出溫水和讓青蛙繼續躺在水裡兩個對立層面。

享樂主義的人認為：「今朝有酒今朝醉」，青蛙雖然喪命，但在之前也有享受到快樂。青蛙即使迅速的從熱水中逃離，也幾乎無法逃離較為封閉的實驗室，得以存活的機率也很小。在嚴謹且正規的實驗之中，作為實驗對象的動物，在實驗結束後都會被統一處理，無法存活。既然橫豎都難逃一劫，為何不選擇一種更為舒適的方式呢？

現實主義的人認為，青蛙在實驗室逃生的機率很小，但不是沒有，拚一拚也許就會成為那極小機率中的一個。

當這兩方就「青蛙是否要跳出溫水」這一問題爭論不休時，該企業的領導者問：「為什麼不先在溫水裡享受一段時間，見好就收，然後再逃離溫水呢？這樣豈不是既能享受，又能為存活的機會拚一把！」這一觀點讓員工都陷入了沉默。

作為領導者，如果只貪圖安逸，就無法發現危機，最終會使企業陷入危機，很難有翻身之日。但如果在剛發現危機時，就拚命的逃離，沒有任何思考與計畫，就會如同「無頭蒼蠅亂撞」，最終也無法擺脫危機。

一般而言，危機的到來也意味著機會的到來。領導者應該培養自身對危機的感知能力，在危機出現之後，理智的思考應對危機的方案。並在危機即將爆發之前，逃離危機。只有這樣才能既實現收益，又規避風險。

在這一個過程之中，掌握危機的變化與動態是關鍵，這需要領導者具有動態思考的能力。那麼，什麼是動態思考呢？

## ●【要點分析】動態思考的具體內涵

「物類之起，必有所始」，世間各種事物的發生都有其根源。例如，下雨不打傘，就會被淋濕。「下雨不打傘」與「被淋濕」可以看做是兩個靜態的畫面，而因果關係將這兩個靜態的畫面，構成了一個連貫的動態過程。這就如同動畫一樣，是由每一幀的靜態畫面組成的。

每一個問題都是由不同的事件構成的。而動態思考就對事件之間的因果關係進行思考，在看見靜態的事件片段的同時，還了解到事件的動態發展，從而獲得解決方法的思考方式。

例如，「不打傘被淋濕」這一問題，人們可以迅速的發現其中的因果關係，並找出「不打傘」是問題的根源，因此解決的方法就是打傘或者找其他避雨場所。

領導者在應對危機之時需要判斷危機產生的根源，明確它們之間的因果互動，並在其中找出解決問題的關鍵，並思考出相應的解決措施與方案。

綜上所述，領導者需要的動態思考的具體內涵，就是掌握構成問題的要素之間的因果關係，以及問題與可能的結果之間的因果關係，從而以發展的眼光去看待問題、思考問題、解決問題。

## ●【動態思考模型】從線性因果鏈到因果互動環

在人們的傳統思維之中，對問題之中的因果關係的思考更傾向於線性形式。人們在對實際情況進行評估時，會與目標相比，如果實際與目標相差太大，就會被認為有問題。例如，某企業的月銷售額目標為 50 萬元，卻只完成了 40 萬，就有了業績不達標的問題。

而且單一的線性思維認為有因必有果，只要找到「病因」，就能對症下藥，及時的解決問題。有許多人會錯誤的認為這種思考模式就是動態思考。

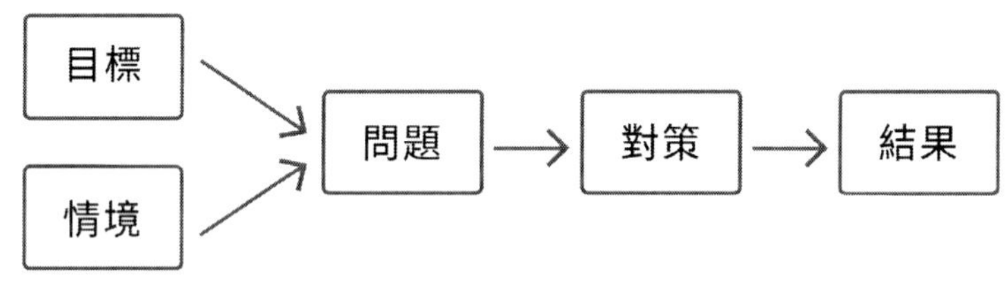


圖 6-1 傳統的因果關係思考

但在實際情況之中，問題的出現並不僅僅是實際與目標差距太大，而是多方面因素影響的結果，而動態思考是對複雜問題的思考方法，這並不是單一的線性思維能夠做到的。

在現實場景之中，領導者遇見的問題往往都是十分複雜的，「病因」並不單一，會涉及到各個方面。而且小問題後面可能還會隱藏著更深、更大的問題。而在問題與問題之間，「病因」與「病因」之間，問題與結果之間等大都會隱藏著因果關係。

在這種複雜的現實情況之下，動態思考不會呈現出單一的線性模式，其模型應該是匯聚多方因素與因果關係的模型。

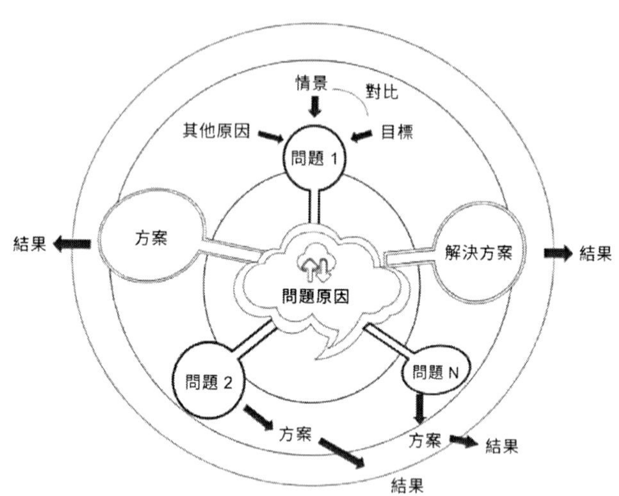


圖 6-2 動態思考的因果互動環模型

透過這樣的因果互動環模型，領導者能夠明確相關問題的各方面的因素的相互作用，並可以從這些相互作用中，尋找到問題的關鍵，制定相關的解決方法。

## ●【動態思考模型的運用】如何預防肺癌？

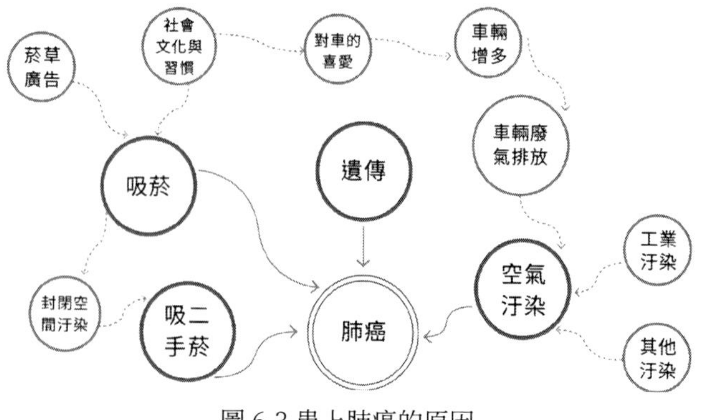


圖 6-3 患上肺癌的原因

為什麼會患上肺癌？一般人都會認為是吸菸導致的，但是這並不是必要原因，例如吸二手菸（被動吸菸）同樣也會患上肺癌。除此之外還有環境因素、遺傳因素等。

根據以上模型，預防肺癌就需要從這幾個方面入手。首先需要去醫院體檢，或者查詢家人病歷，判斷是否具有遺傳的因素。如果居住的離汙染源很近，可以考慮搬家。儘量避免吸二手菸的情景，或者勸說他人去吸菸區抽菸。從自身出發，還可以戒菸或者減少抽菸的頻率與數量。

透過上述方法可以在最大程度上降低患上肺癌的機率。

領導者在面對問題時，也可以運用這種因果互動環，明確解決問題的各項因素，並制定出有效的方案。領導者在思考因果互動關係時，就是在進行動態思考。

## 6.2 動態思考的兩個向度

**思考要點**

**時間與空間是動態思考的兩個向度，透過這兩個向度來思考問題，領導者可以全面的掌握問題的各方面，進行全面的思考。在這個過程之中，還可以讓員工參與進來，共同提升動態思考的能力。**

### ●【思考小場景】房地產泡沫為何會繼續出現？

2008 年，次貸危機席捲美國，造成了美國房地產行業與金融行業的崩盤，使美國的經濟遭受重創，許多領導者一夜破產，使許多家庭支離破碎。然而，在短短幾年之後，中國也開始走上同一條路，特別是在大城市中，房地產泡沫快速的形成與發展膨脹，為中國經濟帶來了龐大風險，一著不慎，可能會滿盤盡輸。

既然已經有了美國的次貸危機做危險警報，但為何中國依舊會陷入房地產泡沫的危機之中呢？那是因為人性的貪婪讓房地產投資者放棄了對風險的感知，甘願透過冒險獲得鉅額利潤。人性會讓「已有之事，後必再有；已行的事，後必再行」。

要想避免再次陷入危機，領導者應該從時間與空間的向度去思考問題，察覺危機，從而制定出最佳方案去應對企業發展過程之中可能會出現的問題。

## ●【動態思考的向度】時間向度

正所謂「天下大勢，分久必合、合久必分」，這就是發展規律。例如時尚界的審美就是這樣，如今在經過多次變革之後，又開始流行復古主義，就是一個循環。

市場也是如此，雖然在快速的向前發展，但其發展變化卻依舊有規律可循，這要求領導者應該以動態的、發展的眼光去看待市場以及問題。

任何事物的存在都有時間與空間兩個向度。動態思考的時間向度就是分析市場的歷史發展模式，思考當下市場發展趨勢，並以此為依據預測未來的市場發展趨勢。領導者進行時間思維的動態思考時，主要側重於規律的尋找，其具體內容如下：

### 從歷史已經發生過的類似事件之中找規律

例如，在判斷這樣一個問題時：網路產業的發展只能給科技行業帶來正面影響嗎？我們可以先將過往與之相關的同類事情都找出來，然後尋找這些事件之間的關聯與類似的具體點。在這個過程之中我們會發現，自從瓦特（Watt）改良蒸汽機之後，第一生產力就不再緊緊局限於人力。

蒸汽機的廣泛運用，促使當代工業生產的效率大幅增加的同時，也降低了成本。這樣的變化與發展不僅是對科技行業有重大貢獻，也為整個社會帶來了變革。

看到這裡，也許會有人問，蒸汽機的發現與判斷網路產業這一問題有什麼關係？在本質上，它們都是促進社會實現階段性變革的重要內容。蒸汽機為世界帶來了全新的面貌，與網路產業給社會帶來的影響相似，那麼在蒸汽時代發展的規律性可能與網路產業的發展有著類似的規律。

因此，如果領導者想要更好的去了解網路產業的發展，不僅可以從當下的網路產業的現狀入手，還可以透過對以前相似的事件的研究，了解網路產業。

## 將在類似事件之中發現的規律進行預測

透過對過去的類似事件中總結出來的規律，我們可以判斷「網路產業的發展只能給科技行業帶來正面影響嗎？」這一問題，判斷結果為：這一觀點是錯誤的，是沒有從全局出發看待問題導致的，這是一葉障目的表現。

網路產業的發展促進了企業工作的系統化與資訊化，幾乎提高了所有產業的效率與市場總值，又可以批量操作，使生產的成本也大幅下降。網路產業的發展不僅使科技行業有了重大進步，還使國家的生產力水準得到了空前的發展。

將過去的規律放到當下的判斷之中，可以讓領導者從更全面的角度去看待解決的問題，因此能夠預測的未來也更加準確與長遠。

但領導者需要注意的是，關鍵性的變化無法運用過去的規律進行推測。例如引領蒸汽時代的到來的科技是蒸汽機，但電腦技術是引領網際網路時代的重要科技。雖然都帶來了時代的變革，但具體的變革索引不一樣。這個關鍵性的索引就是無法預測的。

透過時間向度上的動態思考，領導者將過去、現在、未來連成一條線，可以預測未來市場的大致變化與發展規律，並根據規律制定出更加符合企業發展的計畫與方案。

### ●【動態思考的向度】空間向度

時間向度的動態思考呈現出線性的模式。而空間向度上的動態思考，卻是立體的。

動態思考的空間向度包括：空間概念、呈現工具以及解決方案三個組成部分，是透過對空間各種性質的了解上，尋找問題的解決方案的思考方法與過程，在這一過程之中將空間內部的各種因素視覺化。

#### 空間概念

動態思考的空間概念就是思考的廣度、深度與角度。這要求領導者在看待問題時要從多方面來思考。

例如，徵求員工時，領導者可以考慮企業需要什麼樣的員工？目前的應徵者中是否有這類型的人才？如果沒有，我應該從哪些方面來培養企業需要的人才等問題。這就是廣度思考，盡可能的將出現的問題的可能性增多。

動態思考的深度就是，透過廣度思考篩選出重要的問題，並對這些問題進行深入的調查與思考，並找出解決這些問題的突破點。

動態思考的角度就是與廣度有相似之處，都是從多方面來思考，但角度是微觀層面的，而廣度是宏觀層面的。例如，領導者考慮企業人才的召募，認為要從個人素養、價值觀、知識技能、業務水準等方面來判斷是否錄用應徵者。這就是動態思考的角度，側重於具體的事件特徵，而不是事件的大方向。

## 呈現工具

呈現功能工具就是將動態思考的結果視覺化，讓員工能夠一眼就了解領導者需要解決的問題，以及對這一問題的思考與解決方法。

通常而言，企業一般採用魚骨圖、心智圖等圖表形式來呈現自己的思考結果，這種形式的邏輯性更嚴密，會增強領導者的思考結果的說服力。

## 解決方案

解決方案就是思考結果的最終呈現。領導者在將思考結果視覺化之後，與員工進行討論，並積極聽取員工的建議與想法，發現自己思考中存在的問題，並加以改正與調整。最終經過企業團隊的共同理念制定出解決方案。

當然動態思考的特徵是「動態」，其解決方案也會帶有

「動態」的特徵。由於領導者遇見的問題通常都是複雜的，都在不斷的發展變化，這要求領導者要即時監測解決方案的執行過程，觀察是否出現了新問題，或者根據問題目前的現狀判斷解決方案是否有效，是否需要調整。

動態思考的時間向度與空間向度共同建構了問題的立體變化，也呈現出領導者的立體化思想。領導者在進行這樣的動態化思考的過程之中，也使員工參與進來，促進員工積極思考，在整體上提升了企業的思考能力，使企業離思考型組織又近了一步。

## 6.3
# 「放棄」只能養成「放棄」的習慣

**思考要點**

**動態思考要求領導者能夠根據市場的變化，做出及時的回應，在規避風險的同時抓住機遇。但有些領導者，可能會因為企業的成功而夜郎自大，認為不需要改變；有些領導者則是害怕改變失敗，而不願意去改變，從而放棄了對改革創新的動態思考。這是企業走向毀滅的信號。**

### ●【思考小場景】企業為何不願意改革？

2018 年，日本帝國數據銀行在全國的 918 家企業中，就「企業工作方式改革創新」這一問題進行了問卷調查。

其中有高達 37.6% 的企業認為這項改革創新沒有必要，有 34.1% 的企業認為改革的效果難以預料，有 29.4% 的企業認為沒有可以進行改革的人才，而不願意創新。為什麼會出現這些情況呢？

企業認為自身目前的工作方式制度是非常完美的、沒有瑕疵的，因此認為繼續改革只是畫蛇添足，沒有必要。但是人們口中的真理都有時限性，例如「地心說」在以前的時代就是真理，但在如今的時代就是謬誤。企業的制度也是如此，在目前來看是完美的，但過一段時間後，就不再完美，不能使員工的工作正常發展。因此，一成不變最終會是企業淘汰。

企業認為改革的效果難以預料，而不去改革，實際上是在害怕改變、害怕失敗。從而放棄去思考改革的問題。

如果領導者因目前獲得的成就而沾沾自喜，不再去關注市場的快速變化，或者是害怕成為市場創新的犧牲品，而放棄動態思考，放棄改革與創新，將會與市場脫節，最終消失在日新月異的變化之中。

### ●【要點分析】放棄動態思考的表現

在這個高速變化發展的時代裡，領導者往往會因為害怕失敗，或者過於自信而放棄動態思考、放棄改革創新。放棄動態思考的企業及領導者主要有以下三種表現：

#### 洩氣型放棄

這種類型的企業往往是中小型企業，領導者認為自身的實力不夠、沒有資金、沒有人才，而放棄對市場動態的思考，認為自己肯定會改革失敗、為公司帶來損失，因此不願意去冒險改革創新。這種心態往往會形成惡性循環。

領導者因放棄思考、墨守成規，而錯過了最好的改革機會，沒有抓住機遇，企業的發展停滯不前，依舊沒有資金、人才、實力。領導者會更加害怕改革，從而繼續錯過機會，進入下一輪的循環之中。但是市場一直在向前發展，而公司卻一直止步於此，實際上就是在倒退，最終會被淘汰。

這種類型的企業與領導者真正需要的是踏出改革第一步的勇氣，而不是具體的人才、資金等。實踐出真知，如果都不去實踐，怎麼會知道自己做不到呢？這類的領導者應該時常為自己打氣，告訴自己「一定可以做到」，即使失敗了也是一種成功，累積了經驗，提高了下一次成功的機會。

## 賭氣式放棄

賭氣式放棄與洩氣型相反，這類型的領導者可以客觀的評估自身的實力，知道自己不能做成功某件事情，但不願意在他人面前承認，甚至會理氣直壯向員工說道：「這不是改革能否成功的問題，而是去思考這樣的改革是有意義的嗎？公司需要這樣的改革嗎？」

員工往往會被領導者這種強勢的態度震懾到，認為領導者說的十分有道理，因此也會放棄對市場的思考，並將這類想法傳遞給企業的其他員工，在企業內部形成「病毒式」的傳播。最終使企業成為一個不具備思考能力的組織。

## 找藉口放棄思考

這種類型的領導者是懶得思考，在面對市場變化時，也會找各種藉口去推脫。例如：「我對這部分的市場不了解，無法成功改革」、「時間太短，無法制定出一個完美的計畫」、「企業的現狀十分糟糕，承受不了改革帶來的變化」等，將外部藉口羅列了一大串。

這種類型的領導者往往過分愛惜自己的「羽毛」，內心就算想要改革創新，在做事時往往過分謹慎，有時也懶得去思考、預測市場的發展趨勢。既希望能夠使企業發展壯大，自己卻不想付出同等的努力。

以上三種，就是放棄動態思考的領導者的三種表現，其他領導者可以據此對自己進行評估，判斷自己與員工是否已經放棄了思考，並及時的加以改進。否則，很容易形成放棄動態思考的習慣，喪失思考能力，等到發現時，為時已晚。

## ●【要點分析】關於動態思考的錯誤認知

### 我的動態思考已經到達了極限

認為動態思考有極限的領導者，通常就是已經放棄動態思考的人，他們會在心中替自己設定了一個思考極限。

例如，「知名企業家都想不到的事情我怎麼可能想到？」、「即使我思考了也達不到知名企業家的高度」、「我就是做不到」等。這就是領導者為自己設置的局限，即使自身有思考的潛力，也被局限在其中，無法跳出這種思考的惡性循環。

要想改變這種錯誤的認知，領導者就必須將自己設置的極限值消除，跳出成功人士以及業界標準的影響，告訴自己「只要思考得足夠徹底，就會有答案與結果」。在這種心理的影響之下，儘管領導者依舊不能找到答案，無法預測市場的發展，也可以形成「並不是我沒有能力，只是我思考得還不夠」的想法，從而使思考得以繼續進行下去。

大腦就像工具，越用越靈活，只有長期的思考，才能鍛鍊自身的思維，不斷強化自身的動態思考能力，從而在思考上形成一個良性的循環。

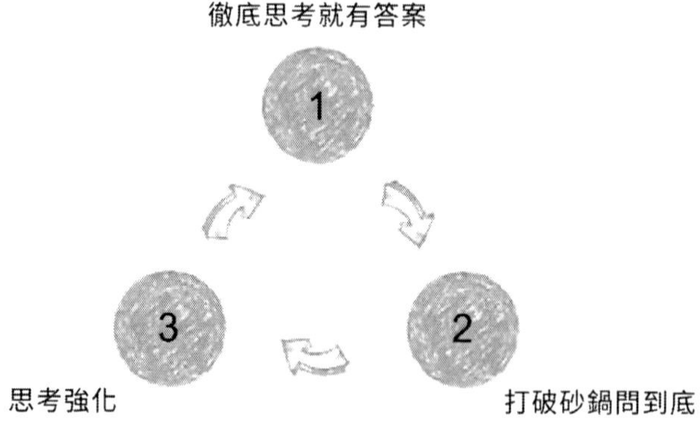


圖 6-4 動態思考的良性循環

## 跳出標準答案的動態思考無法解決問題

假設，領導者目前面臨的一個問題有 10 個標準的解決方法，但跳出標準答案後，就有無限解決方法可供選擇。這時可能就會有領導者問：「無限的解決方案代表著無限的可能性，而我們思考的目的在於尋找具體的方法去解決問題，而不是排除可能性。這樣的思考不就沒有意義了嗎？」

其實，盡可能的將可能性排列出來，只是為了幫助領導者跳出標準答案的局限，打破慣性思維，避免形成放棄思考的習慣。領導者在真正解決問題時，需要根據實情來設定答案的範圍。

例如，某產品的市場需求量大，且入駐該市場的企業數量較少，但甲公司的這類產品的銷量依舊不好，解決這一問題的範圍就可以設定在產品品質、公司口碑、銷售方法等之內。透過對這些層面的思考，終究能夠解決問題。

## 動態思考能力與理解力、記憶力一樣有極限

人類的理解力與記憶力都是有極限的，特別是記憶力。例如，很少有人能夠明確的記住在高中時背誦過的課文，人的記憶都是有時限的，會隨著時間的推移而變得模糊。但動態思考是思考的一部分，在大腦的排列組合形式是無窮無盡的，因此具有無法窮盡的可能性。

動態思考能力就如同可再生資源，用途很廣，且隨時隨地都可以使用，並在很多情況下都會產生正面的效益。因此，領導者更應該開發利用自己的動態思考能力，從而促進企業不斷的向前發展。

綜上所述，不管領導者是有意識還是無意識的放棄動態思考，都會形成不思考的習慣，不利於思考型組織的創建與培養。領導者不僅自己要不斷的思考，還要鼓勵員工去思考，從而為企業的發展提供不竭的動力。

## 6.4
# 如何根據「變化」做計畫？

**思考要點**

市場雖在不斷變化，但仍是有規律可循的，領導者應該在掌握市場變化規律的前提下，跳出標準答案的束縛，勇敢的踏出創新的第一步。從而制定出應對變化的計畫，將挑戰化為機遇。

### ●【思考小場景】跳出標準答案可以有效解決問題

某肥皂生產商為了提高生產效率，引進了一套肥皂打包的自動化系統。然而由於這套系統與該生產商的生產流程配對度不高，常常會出現肥皂還未裝進盒子裡就已經被打包出貨的情況，被好幾位客戶投訴。

該生產商為此與這套系統的研發者進行了討論，對方給出了這樣一個建議：只需要替系統增加一套 X 光線設備，就可以自動辨別出肥皂盒裡是否已經裝進了肥皂。

但該生產商陷入了兩難境地，因為這套設備需要一筆不小的費用，還需要長期的維護。如果用人工檢測的話速度太慢，人工費用同樣是一筆大數目。

此時，有一位員工思考了一段時間後，向該生產商提出建議：買一臺風力強大的電風扇，放在最終打包的設備前，那些沒有裝進肥皂的盒子就會被吹走。這樣既不需要花費大額的資金，也能保持較高的速度。

在這個場景之中，自動化系統與生產流程不搭配，與該生產商的預想不同，因此可以被視為「變化」。而這位員工，根據這一「變化」提出的建議，就是解決問題、回應「變化」的有效計畫。

為什麼專家都不能想到的方法，這個員工卻能想到呢？這就是動態思考的價值所在。該員工能夠思考到電風扇與吹走盒子之間的因果關係，並根據自身的經驗，判斷這種方法確實具有可操作性，從而有效的解決了問題。

在這個案例之中，專家提供的是一個標準答案，而該員工並沒有被這個標準答案所局限，而是跳出了標準答案是束縛，根據自身的經驗做出最後的選擇。其他領導者在解決問題、「面對變化」，進行動態思考時，也需要如此，打破標準的答案的束縛的同時，也打破了舊有思維的束縛。

## ●【要點分析】根據「變化」做計畫的注意事項

### 跳出標準答案

標準答案在一定程度上可以幫助領導者做出正確的決策與計畫，但如果過分依賴就會陷入「經驗依賴症」的泥沼之中。

因此，領導者在使用標準答案之前，需要思考是否還有其他方法，還可以嘗試將這種方法最佳化，運用到解決問題的實際之中。領導者只有意識到解決問題的途徑的多元性，才會去探討、思考最佳途徑，而不是標準途徑。這對領導者來說，不僅是挑戰，而且是不斷提升自我思考力的重要途徑。

在我們的印象中，可樂的標準味道是什麼？答案用一個「甜」就足以概括，不管是可口可樂，還是百事可樂，味道都是單一的甜，消費者沒有其他的選擇。而幾乎所有的市場已經呈現出多元化的發展趨勢，如果可樂不加以改變，很可能會被其他類型的汽水取代。

於是在 2016 年，百事可樂試圖突破單一的「甜」，推出了櫻花口味的可樂，造成了消費者的搶購熱潮。在此之後，還推出了水蜜桃口味。百事的這一行為為可樂口味創造了更加多元化的發展方向。

領導者要如同百事可樂一樣，學會質疑標準答案，用自己的思考力去預測市場的變化，發現空白市場，從而激發自己與企業的無限潛能。

## 不要害怕出錯

正所謂：「人非聖賢，孰能無過？」我們都不是聖人，怎麼可能不會犯錯？因此犯錯並不可怕，真正可怕的地方在於不願意去犯錯，或者是無法從犯錯之中獲得自己的感悟。

一位領導者如果用自己從未犯過錯來標榜自己的優秀，往往會招人白眼，因為這只能說明他沒有用動態思考去預測過市場，沒有自己的想法。

一位企業的創始人，其優秀程度達到了許多領導者無法到達的高度，但他依舊犯過錯。例如，在徵召人才上，他最先的做法是高薪徵求曾在 500 大公司工作過的人才，或者從知名大學畢業的學生，但在最後發現這些人才不思進取，並不能為公司帶來強大的變化，反而在一定程度上阻礙了公司的向前發展。

因此他解聘了一部分人，並在之後將價值觀與個人素養放在徵才要求的第一位，這一改變為公司帶來了許多優秀的管理者。

領導者一定要明確「犯錯不可怕」的觀點，勇於去挑戰自己，才可能會擁有更多的機會。「富貴險中求」，領導者在選擇放棄標準答案後，就必須做好可能會失敗的心理準備。就算失敗，也不要被低落的情緒支配，而是要回想失敗的過程，尋找失敗的原因與計畫之中的缺漏。這樣才能從失敗之中汲取經驗，調整自己的思考方向，為下一次的挑戰做準備。

## 從事實出發，具體問題具體分析

有許多領導者可能還未對市場進行調查就做出決定，失敗後就認為創新不可取，還是應該用標準答案來解決問題、面對危機。

任何不是建立在事實基礎之上的想法與決策都是無根的浮萍，無法開花結果。領導者在進行創新時的思考只有從現實出發，才能最終落到實處。

假設某位領導者的公司推出了一款新產品，在定價上難道就要漫天要價嗎？這時，領導者應該去考察市場之中同類產品的定價，考慮消費者的心理價格、新產品的優勢等因素，才能合理定價，才會有消費者購買。

### ●【要點分析】根據「變化」做計畫的具體操作步驟

#### 盡可能提出可能性

這要求領導者盡可能的提升自己思考的廣度。在明確思路框架後，首先找出急需解決或者最重要的問題；其次是鼓勵員工積極參與進來，提出更多的可能性，並將此分類、分級；明確各部門的員工在計畫之中需要發揮的作用，各司其職。最終形成一個具有實操性、有效性的具體行動方案。

#### 預算估價

企業之中的任何行動都需要資源的支撐，才能順利發展下去，但是企業的資源確實有限的。因此，在行動之前，應該進行預算估價，講行動需要的資源羅列清楚，用最小的付出換來最大的收穫。否則就只是紙上談兵，而無法行動。

#### 看見變化

市場雖然瞬息萬變，但有變化規律。領導者需要做的就是透過過去、當下的市場趨勢預測未來的變化趨勢，從而根據這些可能會出現的變化，制定出相應的預防與解決方案。這些方案都是面向未知的未來，因此需要足夠充分的設想，才能看到更遠、更深，在變化出現時，才不會慌了陣腳，讓其盡在掌握之中。

**控制風險**

領導者在行動之前制定的預防、解決變化的預備方案能夠很好的規避風險，但無法將風險徹底扼殺在搖籃之中。

世界上沒有零風險的事情，也沒有將風險降為「0」的方法。就算是吃飯都有被噎住的風險。領導者需要將風險控制在一定的範圍之內，並盡可能的降低風險。這樣就將位置的風險變為可預知的變化，才有可能制定規避與防範措施。

透過以上內容，企業領導者可以根據變化及時的制定出相應的計畫，從而促進企業的向前發展，為打造思考型組織創造了物質條件。

## 6.5
# 建構「動態」思考的 5 個步驟

**思考要點**

**建構動態思考的過程也是一個動態的過程，從原因到問題，再到結果就是這一過程的大致環節。在這一過程之中，最重要的就是摘除其中的因果關係，並根據這些關係找到解決問題的突破點。**

### ●【思考小場景】如何對「到職率低」這一問題進行動態思考？

某企業一直在徵求人才，但到職率一直很低，要怎樣才能解決這個問題呢？領導者與員工就這個問題進行了討論活動，在活動上，員工們紛紛提出自己的看法。

某小組組長認為到職率低有三個方面的原因：其一是徵求的人；其二為薪酬條件較其他公司低；其三為徵才部門與用人部門的標準不統一。

某一員工認為：到職率低可能會降低企業的生產力，無法獲得最大利潤，使企業發展緩慢。企業未能得到好的發展，員工的薪資水準就不能得到上升，從而使企業的薪酬競爭力低於其他企業，導致應徵者少，到職率低。

另一員工接著上一員工的想法的方向，繼續陳述自己的想法：企業無法獲得高額利潤，是企業競爭力弱的表現，會導致企業的品牌效應低，而員工更願意去知名度高的公司，從而使本公司的應徵人數少。

徵才部門的員工認為：因為公司需要提高發展速度，需要大量的員工來工作，因此省略了對新員工的技能培訓環節。應徵者會覺得在這個企業中無法提升自己的能力，沒有發展前景從而不願意到職。

以上員工思考的過程就是動態思考的過程，將問題、原因與結果有效的連結了起來，並找出其中的因果關係。首先，員工們在討論之中，發現了更多的問題，並透過逆向推論出了原因，還提出了可能會導致的結果。

從這個場景之中，我們可以發現動態思考的關鍵點就是問題、原因、結果、因果關係。根據這些關鍵點，可以得出以下建構動態思考的具體步驟。

### ●【要點分析】動態思考的 5 個步驟

#### 步驟一：找問題

找問題就是從不同的角度思考在計畫實施過程之中，可能會出現的問題。如果某一個或者某幾個問題在不同的角度之中都會出現，那麼這就是領導者應該重點思考與分析的重要問題。

在確定重要問題之後，需要將這個問題進行分解，要將問題分解到可以提出具體解決方法的程度。例如，公司盈利的問題的最終分解為：提高管理效率、減少內部開銷、提高產品單價、建構新的業務線等方面。

在分解問題時，可以採用自上而下的金字塔結構理清思路，建構問題之間的邏輯關係。例如專案延期的問題，其分解的金字塔結構如圖 6-5：

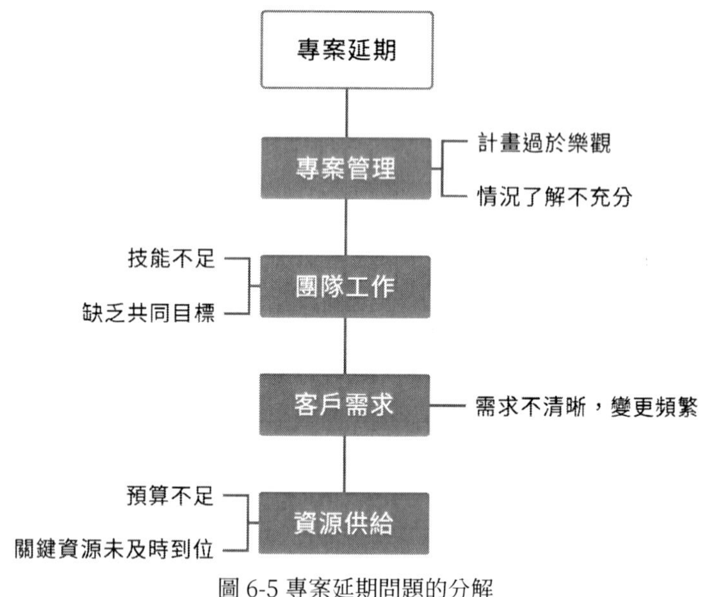


圖 6-5 專案延期問題的分解

**步驟二：找原因**

在分解完重點問題之後，就需要列出產生這個問題的原因。在這個過程之中，可以召集員工，採用「腦力激盪」的方式進行團隊討論，確定產生該問題的原因。並將相關原因分層分級，用箭頭將它們與問題連接，這樣讓領導者直接明確的了解到其中的因果關係，從而制定對策。

在找原因時，可以透過不斷問「什麼原因」來準確的找出原因。例如，某工廠的機器停運，導致無法順利完成客戶的訂單，延緩了工期。在尋找原因時，進行了以下的提問：

為什麼機器停止運轉了？

因為超負荷，熔絲斷了。

為什麼會超負荷？

因為軸承部分的潤滑不夠，導致機器過熱。

為什麼軸承部分的潤滑不夠？

油幫浦軸因磨損而鬆動了，潤滑幫浦吸不上油。

為什麼油幫浦軸會磨損？

因為沒有安裝過濾器，導致軸內混進了鐵屑。

透過這樣的問答，最終找到原因，及時的解決了問題。

### 步驟三：找結果

根據原因與問題，預見石材廠可能會出現的最終結果，並與問題連接起來，從而形成了從問題到結果的指向過程。這一步驟與上一步驟類似，都是用前瞻性的眼光去看待問題。

### 步驟四：找迴路

找迴路就是找出「原因—問題—結果」這一過程中的所有因素的相互關係，特別是這一過程之中的閉合迴路、隱形迴路。

在找迴路時可能會出現找不到迴路、找到的迴路太過粗糙，或者找到的迴路太多三種情況。出現這些情況在本質上就是對問題的思考還不夠。

找不到迴路是由於未深入思考、分析問題，「病因」找得太少，或者是因為迴路隱藏得很深，使領導者很難發現其中的迴路。在面對這種情況時，領導者可以先檢查已經找到的因果關係，觀察是否有遺漏現象。

除此之外，領導者還可以逆向推導，從某一個結果出發進行推導。例如，導致團隊業績下降的因素中有這樣一個小結果：員工的工作狀態差。領導者就可以逆向推導是什麼導致工作狀態差？是工作方法不當，還是工作任務不明確等等，透過這樣的推導，就可以推導出更多的因果關係，建立趨於完整的建立因果互動環。

找出的迴路太過粗糙是因為缺少中間過程，直接將問題與結果相連在一起。但在問題與結果之中很可能會隱藏著一個或者多個隱形的迴路。甚至還存在某一個因素在其中發揮正面影響，也帶來了負面影響的情況。

例如，員工因領導者的管理方式不當而離職，這一過程之中可能還隱藏著企業的績效管理機制、薪酬機制等方面的作用。

在這一過程中，該領導者還利用日誌來了解員工的工作進度情況，正面影響是讓員工明確自己的任務目標，提高工作效率。而負面影響是可能會有員工認為日誌是在浪費時間，從而敷衍了事，沒有達到效果。針對正負面的情況，領導者要放大正面影響，消除負面影響。因此制定的相應解決方案不同，在執行過程中可能會出現的結果，也會不同。

領導者應該儘量將思考精細化，這樣才能達到最終的目標。

找出的迴路太多，是因為領導者沒有設定問題的範圍。例如員工離職與產品市場情況可能沒有多大的關聯，他們之間的關聯還有許多中間過程，因而在思考員工離職的原因是，可以將產品的市場情況不列入其中。

在面臨這種情況時，領導者要學會化繁為簡，篩選出與問題關聯性大的因素，這樣才會避免花費不必要的因素。

**步驟五：即時監測，查缺補漏**

根據以上步驟，領導者明確了自己的計畫之中可能會出現的問題，以及出現問題的原因、問題導致的結果，這是領導者制定防範措施的前提。

「智者千慮，必有一失」，領導者在動態思考時，可能會有遺漏的問題，從而導致計畫執行過程中出現不可預料的變化。這需要領導者在計畫實施的過程之中進行即時監測，查缺補漏。在可能會出現問題的節點，再次思考，從而更全面的促進計畫的實施。

## ●【要點補充】尋找因果關係的線索

市場的變化雖然在整體上具有規律性，但在具體的枝節上卻具有偶然性。這些偶然性之間往往還存在著某些連接的線索，這也是尋找因果關係的線索。這些線索往往具備以下特徵：

### 順序性

某些問題是按照時間順序出現的。例如 A 事件出現後，B 事件也跟著出現，它們之間存在因果關聯性的可能性非常大。

### 協同性

在同一個時間向度上，同一企業內部可能會出現兩個或者多個問題，這些問題之間一般都會有所關聯，領導者儘量不要忽視。

### 相關性

在同一時間向度上，不同的企業的內部可能會存在相似或者完全相反的問題，這兩者之間也會存在相關關係，這需要企業與企業之間進行交流才能發現。

### 相似性

如果企業內部出現的兩個或者多個問題之間存在相似性，那麼它們之間可能會存在關聯性。

透過以上步驟與注意事項，領導者與員工都能建構動態思考，提高自身的思考能力與思維層次，從而共同促使企業成為一個思考型組織。

本文透過對獨立思考、批判性思考、駐足思考、全局思考、深度思考、人性思考、動態思考這七個層面的分析與解讀，可以很好的幫助領導者與員工打破慣性思維，打造思考型組織。

「讀萬卷書，不如行萬里路」，領導者在了解了方法之後，還需要運用到實踐之中，相信各位領導者會在實踐過程之中收穫不少驚喜。

至此，我們對第二層全局思考、深入思考、動態思考就闡述完了，當然這需要很長一段時間的練習，並且不斷精進，我們才能在無意識的狀態下自由切換。

# 第 7 章

## 人性思考：
## 管理就要懂「人性」，帶團隊就是帶「人心」

無論多麼出色的優秀的計畫，得不到企業（組織）內眾人的承認必將會以失敗告終，人與人之間的關係非常微妙，稍微不謹慎就有可能被他人視為是做幕後交易，反而會招致大家的猜疑，這種猜疑一旦像瘟疫一樣蔓延開來，就會削弱企業（組織）的工作積極性，使整個企業（組織）意志消沉。要想改變這樣的局面，就要打造人性思考型組織。不管什麼樣的企業或組織，都不要企圖改變人性，在尊重人性的基礎上，尊重差異，接受異見。

## 7.1 人性定理：不要企圖改變人性

**思考要點**

人的天性是與生俱來無法更改的，如果領導者執著於改變員工的天性，必然會失敗。作為一名優秀的領導者，應該尊重員工的天性，並根據員工的優勢激勵他們、培養他們，使員工能夠獲得自我認可，從而充分發揮員工的主觀能動性。

### ●【人性小故事】天性作為本能無法改變

關於對人性的思考，有這樣一則寓言小故事：

從前，有一隻蠍子想要過河，但不會游泳，就向河邊的青蛙尋求幫助。但是青蛙拒絕了蠍子的請求，因為青蛙認為在幫助蠍子過河的過程之中可能會被蠍子螫傷。

蠍子反問青蛙：「我為什麼要這樣做？這對我沒有任何好處！你被螫傷了，我就會被水淹死。」

青蛙聽後，覺得非常有道理，於是同意幫助蠍子過河。但當青蛙馱著蠍子游到河中央時，蠍子突然豎起毒刺，螫傷了青蛙。

青蛙不可置信的大聲質問蠍子為什麼這樣做，蠍子說：「我是蠍子，螫殺動物是我的捕獵天性，我無法控制。」

最終，青蛙與蠍子一起長眠於水底。

許多成功學的書都會鼓勵我們像青蛙一樣去思考，告訴我們人的天性是可以改變的，而領導者的職責就是促進這一改變的發生。有許多領導者認同了這種觀點，於是制定了各種規章制度來控制員工，用利益、夢想、未來等來拴住員工的心，使員工壓制自己的天性。

但優秀的領導者卻不會相信這套說辭，因為他們已經具備了上兩層思考的能力。他們的選擇是將這類員工從自己的企業中清除。因為他們知道對一個員工的改造是有限度的，每個員工都有像蠍子一樣難除的天性。天性是什麼？是一個人與生俱來的特徵與本能，是潛意識的呈現，不會因為環境的變化而改變。

每一個員工都有自己獨特的思考方式、溝通風格以及做事的動機，這是他們天性的表現，如果領導者硬是要改變員工的天性，讓員工變得一模一樣，那麼企業將會逐步失去活力，慢慢變成一潭死水，最終走向衰敗。

領導者為什麼一定要執著一件不可能辦到的事情呢？既然天性無法改變，為什麼不試著去利用員工的天性，激發其潛能呢？透過天性激發員工的潛能的前提就是了解人性定理。

### ●【要點分析】什麼是人性定理？

人的天性，可以簡單的概括成人性。人性定理的具體定義指的是「人對自我的肯定原理」，即任何一個健康的人的行為動機都是為自己服務。主要包括自我決策、自我肯定、自我中心、無限欲望以及自我異化五個方面。

## 自我決策

自我決策就是人具有選擇自由的權利。例如作為「我喜歡鮮花」，這一選擇無法被他人左右，「我」可以無條件的決定自己喜歡什麼，這是自由選擇的結果。

但「選擇未來的職業」這類問題，並不是人性定理中的自我決策，因為職業的選擇會被社會、家庭等因素影響，並不是完全的自我決策。

## 自我肯定

許多人一生都在追求自我價值展現，探索自己存在的原因，這實際上就是在尋求自我肯定。人與其他動物不同，因為自我意識產生了較多的心理與精神訴求。如果不能自我肯定，就會覺得生活毫無樂趣，嚴重的甚至會患上憂鬱症。

任何人在做某一件事情時，都是從服務自己的目的出發，這些動機之中包含了生存的物質需求、精神需求這兩方面。

在戰亂時期，自我肯定的動機更加偏向生存的物質需求；而在如今和平的時代，自我肯定偏向於精神上的滿足。

## 自我中心

人在誕生之初，會先產生「自我」的意識，然後才會產生「他我」的認知，可以說人認識世界的開端就是認識自我。這樣的認知過程也會貫穿於人一生的認知世界。

儘管經過成長，人的認知愈加豐富，認知方法與管道也呈現多元化的狀態，但依舊改變不了以自我為中心認知新事物的認知方式，這是根植在人類基因中無法抹除的部分。人們會認為世間萬物萬事，都是實現自我肯定的管道。

## 無限欲望

人類的欲望主要分為物質層面與精神層面兩大類。人們在滿足了生存欲望之後，就會開始追逐享樂欲望，而快樂是無邊際的，代表快樂的欲望也無邊際。當享樂欲望無法得到滿足時，人就會開始將欲望轉向精神層面，愛恨貪嗔怨皆是這類欲望的表現。

例如，人們經常闡述的欲望「成家立業，揚名立萬」，前者大都是代表著「繁衍」的生存欲望，而後者則是精神欲望。人們認為透過揚名立萬可以延續自身的精神生命，從而彌補短暫的肉體生命。

「寄蜉蝣於天地，渺滄海之一粟，哀吾生之須臾」，人正是因為有了思想，產生了時間觀念，人們才會常常感嘆光陰易逝、紅顏易老。當生命的週期無法承載思想的深度之時，人們就會在精神欲望中投擲更多的精力，透過欲望的滿足，獲得自我肯定，然後感嘆一句：「不枉此生！」

## 自我異化

自我異化就是當自我肯定無法得到滿足時，而形成的一種極端的自我否認。這裡的自我否定，不僅是指對自身行為與認知的否定，還包含著與之前行為完全相反的選擇。

例如，一個待人和藹可親的人，在某一個夜晚見財起意，搶劫了一個路人，這就是自我異化。這種自我異化來源於金錢，即物質欲望的未滿足。

人是矛盾的個體，在高尚的同時也可能會惡劣，在虛偽的同時也可以真誠，每一個人在面對不同的情況時，會有不同的選擇，這是人性決定的、無法更改的事實。

人性定理決定了其不可改變性。毛姆（Maugham）認為：試圖考驗人性終會失望，試圖改變人性終會失敗。因為不同的人，世界觀、價值觀都是不同的，只有擁有相似的精神世界的人才能夠融合在一起。世界觀與價值觀沒有對錯之分，只有能否被他人理解的區別。

如果將價值觀與世界觀沒有相似之處的員工強行融合成一個團隊，只能帶來負面影響，這是領導者需要明白的觀點之一。

許多領導者在了解到這一點之後，不再試圖改變人性，而是尋找擁有與企業相似的價值觀的員工，組建團隊，並根據他們的天性，充分發揮他們的優勢。從而幫助他們彌補自身的弱點，獲得自我肯定，滿足精神需求的一部分。

根據人性定理，一名優秀的領導者需要做到這四件事情：選拔員工、提出要求、激勵員工、培養員工，這也是領導者的首要職責所在。

## 7.2 什麼是人性思考？

**思考要點**

**領導者無法去改變人性，就需要學會利用人性管理企業。人性思考，實質上就是對人性管理的思考。領導者了解人性思考的具體內涵，是實現人性管理的先決條件。**

### ●【人性思考案例】關注人性，是員工甘願付出的前提

據說，一位住在偏鄉的客戶向 A 品牌家電集團郵寄了一封關於購買「瑪格麗特」洗衣機的信件。這一封信受到了集團的高度重視，總部在收到信之後要求子公司將洗衣機在 48 小時之內送到客戶家中。

當這臺洗衣機被運送到轉運的城市後，一位安裝維修人員專程租了一輛車運送洗衣機。在運送的中途，安裝人員租的車因手續問題被交通警察扣留。在這個荒涼的地方，沒有一位路過的司機願意幫助安裝人員搬運體積較大的洗衣機。

為了信守對客戶的承諾，在規定的時間之內將洗衣機送往客戶的家中，安裝人員決定背著這臺 70 多公斤的洗衣機徒步前進，然後再找車運往客戶家中。

就這樣，安裝人員在攝氏 38 度的高溫天氣中，背著洗衣機行走了兩個多小時。最終成功的在規定的時間內，將洗衣機送往客戶的家中。

安裝人員為什麼可以為了客戶做到如此地步？這是因為 A 品牌家電集團實行了人性化、規範化的管理，在集團內部只要有任何一名員工為企業做出了貢獻，都會得到相應的回報，這讓安裝人員願意為公司履行承諾，維護公司的品牌形象。

這一則案例，也成為該集團內部廣為流傳的、激勵員工的小故事。其實這也是該集團管理者進行人性思考中的一部分。透過他人的優秀事蹟，激勵員工，讓員工明白付出多少就會收穫多少。從而讓員工從滿足自身某一欲望的動機出發，更加積極的去工作，提升工作效率與效果。

其他領導者想要擁有如同那位安裝人員這樣事事為了企業的員工，就要進行人性思考。那麼究竟什麼是人性思考呢？

## ●【要點分析】人性思考的內涵

了解人性思考的內涵是領導者進行人性思考的前提，而人性思考的內涵包括以下幾個方面：

### 人性思考的基點

人性思考的基點就是「人性管理」，領導者管理企業就是在管理人性。企業內部的員工都在渴望獲得自我肯定，希望透過工作滿足自身某一層面的欲望。要想管理好企業，領導者就要抓住員工的訴求，明確的告訴員工「你可以從我這裡獲得什麼？」這樣才能全面激發員工的工作積極性。

## 人性思考的境界

有捨、有得是人生的兩種境界，也是領導者管理人性的兩種境界。有捨是指領導者要對員工捨得，願意為員工提供一個更好的工作環境與薪資待遇，這是獎勵機制中的一部分。

有得就是領導者透過獎勵機制加強員工的向心力，讓員工能夠心甘情願為企業工作。例如，許多大企業將股票分給員工就達到了「有捨、有得」的雙重境界。

## 人性思考的三重定位

這三重定位是根據領導者的層級來劃分的，不同層級的領導者，進行人性思考的側重點也有所差異。

基層的領導者注重對員工責任心的培養，要求員工能夠在規定的時間內完成任務，確保企業的執行力。

中層領導者側重培養員工的進取心，及時對員工進行獎勵與懲罰，激發員工的工作熱情，這為企業的發展提供了源源不斷的活力。

高層領導者側重於培養員工的事業心，讓員工將自己的工作視為自己的事業，這樣才能在最大程度上激發員工的潛力，促進企業的發展。

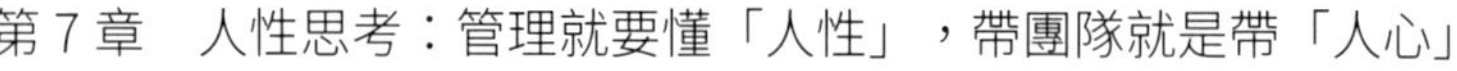


## 人性思考的原則

人性思考有標準化、書面化、透明化、簡單化這四大原則。

標準化就是建立並完善企業內部的相關制度與管理流程規範化，這可以有效的提高員工的工作效率。書面化就是將這些制度與流程用書面的形式記錄下來，方便員工隨時查看。透明化就是讓員工明確公司的制度體系與文化體系。簡單化就是替複雜的問題建立簡單化的歷程，幫助員工順利的完成工作。

## 人性思考的表現

領導者在人性思考的指導下，首先會表現得充分信任員工、肯定員工，從而不會對員工施加工作的硬性規定。在與員工進行交流時，會尊重員工的想法，而不是去全面否認員工，從而使員工願意為企業的發展出謀劃策。領導者也可以透過員工提出的建議，判斷是否已經到了給予員工機會的最佳時刻，幫助員工獲得更好的成長。

除此之外，領導者還會讓員工參與到企業的管理過程之中，透過共同的討論與交流，做出群體決策。這是決策權的分散，而不是下放權力，而是為了培養員工的責任心。透過群體決策獲得的成功，員工才會對企業有更高歸屬感。

人文關懷是人性思考的重要部分。例如，一家電商公司在每年過節時，還會向員工的家人發祝福、送禮物，讓員工的家人知曉他們正在與知名公司一起創業。人文關懷不只這一種，例如團建活動、救助補貼、下午茶等都是人文關懷的方式。

公平公正是提高領導者在員工之間威信力的重要方法，只有讓員工感到公平，明白自己付出多少就收穫多少，從而才會更加努力的去工作。對於這些努力工作的員工，領導者還可以進行有效的獎勵，讓員工看到自己發展的希望，這樣才有與企業共進退的決心。

以上就是人性思考的內涵，透過其內涵，領導者可以明確的了解人性思考的大致概念，對人性思考形成一個較為具體的形象。

## ●【要點分析】人性思考的難點

一個事件的內涵往往與本質有關聯，透過以上對人性思考的內涵的分析，我們可以了解到人性思考的本質就是利用人性選好員工、用好員工，對員工進行有效的管理，即人性管理。

人性管理涉及到心理情感、文化、人力資本等多方面的因素影響，管理的困難較大。領導者不一定要成為經濟學家或者哲學家，而是要成為一名社會學家，只有這樣才能準確的感知員工的心態變化與心理訴求，才能在面對人性管理之中出現的變數時不手足無措。

由於傳統文化的特性，亞洲企業內的員工在某一些層面上也存在某些相似之處。例如，禮儀文化，使員工特別看重企業的人情味。這要求領導者在進行人情味的管理的同時，還要兼

顧公平與公正的原則。這是亞洲領導者進行人性思考的另一難點。

在解決這些難點時，領導者要懂得變通，在大是大非上要堅守自己的原則，讓員工明白自己可以包容他們的許多小缺點，但又有底線，這樣才能達到恩威並重的效果。

透過上述內容，我們對人性思考有了初步的理解，接下來就要將人性思考運用到實踐之中。避免組織中的偏見與猜疑是人性思考可以解決的重要問題。

## 7.3
# 如何避免組織中的偏見和胡亂猜疑？

**思考要點**

**組織之中的偏見與猜疑會使企業最終走向分崩離析的局面，是企業發展過程之中的隱患。領導者應該及時的消除企業之中的偏見與猜忌，打造一個和諧、團結、友善的團隊氛圍，讓員工能夠專心工作，而不是日日將精力放在猜忌之中，這會阻礙團隊、企業的發展。**

### ●【思考小場景】為何 1 ＋ 1 ＜ 2 ？

有一家在當地頗有影響力的紡織企業邀請我去授課，二哥是集團董事長，1990 年代自己隻身一人從他鄉跑來獨資做小工廠；三妹是集團總經理，專科畢業後投靠二哥，與二哥一起成立貿易公司；大哥則是集團分管三個生產工廠的副總，老二老三有所成就後，因顧及大哥多年在家照顧父母，於 2006 年放棄老家事業（一份工作）投資入股，最早管理輔助董事長（那時還是廠長）管理生產。發展越來越大，集團公司則是在 2011 年成立。三人親屬在公司內部職位也是交叉複雜。最早跟我接觸的是三妹，整個集團公司要導入管理者成長地圖的項目。前期調查研究中發現了兄妹三人的苦楚：

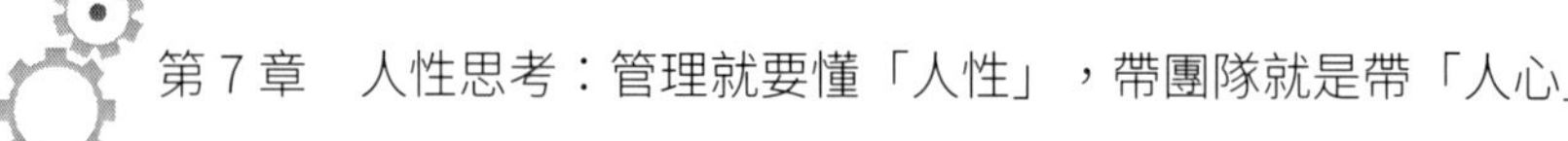


（1）三妹說二哥這些年獨斷慣了，原本公司不大，還能左右顧及，現在除了發火，好像別的都不會了。

（2）而二哥說這些年自己多麼不容易，三妹應該最清楚，現在她這麼看待自己，讓自己傷心不已。

（3）大哥好像最委屈，自己好像覺得來到這裡後，從來沒有大哥的地位了，不管是老二還是老三都能把他叫過來吼一頓。

（4）集團公司的人力資源部總監是專業經理人，看的可能是最清楚的：現在公司所有的管理層兩眼模糊，根本不知道聽誰的，有了問題誰都能過來吼，甚至正常的報銷流程都會因為出納（二哥的伴侶）心情不好而擱淺。

案例講到這裡，大家就明白了，我不敢說這是大多數企業的現狀，但至少是很多家族企業的現狀。導致這一情況的最根本的原因就在於大家的不信任和猜忌。

1 ＋ 1 ＜ 2 在企業團隊之中，可能經常出現。某一位員工在單獨完成任務時，完成效果非常好，但將他放入到一個團隊之中後，他完成任務的效果與品質不如單槍匹馬時的結果。讓每一位員工都能在最大程度上發揮自身的價值，就需要人性思考，將團隊的成員團結在一起，共同將效益提升上去。這是領導者的重要管理工作。

領導者要想透過人性思考讓組織團結，就必須避免組織中出現偏見與胡亂猜疑。那麼，領導者應該如何做呢？

## ●【要點分析】避免偏見與胡亂猜疑的方法

### 了解猜疑形成的心理來源

人的大腦天生就會過度的解讀某一資訊，這是社會心理學家克萊默（Kramer）對猜忌來源的觀點。在職場之中，猜忌與偏見往往來自以下三種心理或者行為：

其一為過度化的個人解讀。當領導者在進行不指名道姓的批評時，會讓其他員工對號入座，從而可能會產生「我是不是做了什麼事讓老闆不高興了？他會不會找我麻煩？」這樣的猜疑範圍很廣，且在一定程度上會挫傷員工工作的積極性。

其二為惡意歸因過失。例如，某一位員工發送了一封郵件給上級，但遲遲不見回應。第二天與上級見面後，上級卻依舊沒有說什麼。這時，這位員工會想：「他是不是對我有什麼意見？還是認為我的工作做得不好，不願意理我？」但很可能是上級工作太忙，而忘記了回覆郵件。

其三為誇大陰謀後做出的判斷。世界上的每一個人似乎都在一定程度上患有被害妄想症，在其他人進行某一行動時，會自然而然的將許多事件串聯起來，覺得會對自己產生危害。例如，某員工聽見同事討論誰會升職的問題，從而聯想到上級對自己的態度不好，最終會有這樣的想法：「唉，看來主管會讓升職這道檻過不去了！」

## 建立共同目標聚集團隊成員

共同目標的建立會讓員工能夠同心協力，增加團隊的黏合力。縱觀許多知名企業都會建立共同的目標，來增強員工的向心力。建立共同目標的目的不是僅僅建立一個利益共同體，而是要建立一個事業共同體或者命運共同體。

用利益聯結的團隊，很可能會出現「大難臨頭各自飛」的情況，公司的財務一有什麼風吹草動，員工就生出跳槽的念頭，這樣的共同體無疑是失敗。領導者真正要做到就是讓員工將工作當成自己的事業並為之奮鬥。

在創立目標時，領導者要注意團隊目標是員工個人目標的總和，如果團隊制定的目標超出員工最大的潛能之後，團隊目標就不可能實現，這樣會挫傷員工的積極性。正如一家電商公司認為的「勝利是走向勝利的最好方式」。只有讓員工在不斷的努力之後，獲得的成功，才能激發員工的工作熱情與信心，從而促進自身與企業的成長，更上一層樓，走向更大的勝利。

在共同目標的階段性目標完成之後，領導者需要開啟獎勵機制，例如增加補貼、團隊聚餐等，讓員工感到工作帶來收益的同時，感受到一起奮鬥的快樂。在滿足員工物質需求的同時，滿足其精神需求。

## 堅持以人為本，認可員工的價值

堅持以人為本就是要讓每一位員工都能在工作之中找到自身的價值，增加員工對企業的認可與歸屬感。

在堅持以人為本的時間過程之中要注意地位的影響。作為社會學家的克萊默認為「那些資源較少或者處於弱勢的人員，容易出現過度警覺而加劇誤解的情況」。如果領導者認為領導者與員工是一種管束與被管束的對立關係時，就會加劇員工這種的弱勢的心理，很有可能會造成團隊內部之間的誤解。

針對這一情況，領導者需要將決策權分散，讓員工參與到決策與管理的過程之中來。例如，一些企業都將公司的股份分給員工，是在認可員工的價值，讓員工意識到自己不再是受薪者，而是公司的主人，從而激發員工充分發揮其主角精神，創造更高的價值。

透過以上內容，可以讓員工意識到自己龐大的潛能，發現自身的價值，能夠充滿信心的去應對工作中出現的問題，並不斷的加強自身的技能水準。這為企業的發展提供了源源不盡的動力與新鮮血液。

## 將管理過程透明化，公正處理問題

將管理過程透明化，需要領導者能夠建立完善的制度與方案，公正的處理企業中的問題，這樣讓員工能夠心服口服。

例如，合理的績效管理制度，可以讓員工明確自身的績效是否達標、工作是否高效能的完成等問題，讓員工知道領導者沒有徇私舞弊，而是依法管理。在建立考核制度時，可以借鑑一家企業的「271」績效考核法。

「271」績效考核法就是按照員工的工作完成情況，將高效能完成任務的那 20% 的員工劃為優秀員工，並激勵他們發揮自身的表率作用。為那 80% 的可以在規定時間內完成任務的員工，提供更好的工作方法與工具，激勵他們繼續工作。

對於那 10% 不能很好的完成工作任務的員工，領導者不應該馬上辭退，而是要幫助他們尋找工作中出現的問題，提升他們的工作能力。如果是職位職能不搭配的，還可以幫助員工調整，充分發揮他們的價值。如果依舊不能正常完成工作，就可以進入最後的觀察期，判斷是否要開除這名員工。

績效考核就是公正管理的表現，不僅是在績效管理上需要以人為本，實行公正化的原則，在其他管理行動上也是如此，不論事件的大小，都要做到公正、公平。

例如，銷售部某一團隊的車位不夠的問題，該團隊的管理者，就採取抽籤的方式，確定車位的使用權，並用直播的方式全程記錄抽籤的過程，連自己使用車位都需要抽籤。這一方式將特權主義拒之門外，贏得團隊上下的一致好評，加強了員工的信任，提升了管理者的威信力。

其他的領導者也應該如此，公正、公平、公開去管理企業，讓每一位員工都能參與到企業管理的過程之中，從而充分發揮員工的主動能動性，提升工作效率，促進企業發展。

## 利用 DISC 性格學的工具，合理安排員工

根據馬斯頓（Marston）博士提出的 DISC 性格學理論，進行的行為特徵分析將人們按照性格分為四大類型。

表 7-1 四種不同性格的人群的優缺點

| 四大類型 | 優勢 | 存在的缺陷 | 適合的環境 |
| --- | --- | --- | --- |
| 支配型 | 1.是基層組織者<br>2.有前瞻性的思考<br>3.勇於面對挑戰<br>4.具有組織能力與號召能力<br>5.有創新精神 | 1.過度使用領導者地位<br>2.制定的標準太高<br>3.缺乏圓滑和變通<br>4.承擔高速、過多的責任 | 1.不受控制、監督和瑣碎事困擾打擾的環境<br>2.革新的、以未來為導向的環境<br>3.表達思想和觀點的論壇或集會環境 |
| 影響型 | 1.創造性的解決問題<br>2.激勵其他人為組織目標而奮鬥<br>3.促進組織團結<br>4.透過協商緩解衝突 | 1.不注意細節<br>2.在評價方面不現實<br>3.不加區分的相信人<br>4.不能成為情境下的傾聽者 | 1.人們之間密切關係的環境<br>2.不受控制和瑣碎事困擾的環境<br>3.有活動的自由的環境<br>4.有傳播思想的論壇或集會<br>5.有相互關聯的民主監督者的環境 |
| 穩健型 | 1.是可靠的團隊合作者<br>2.為某一領導者或某一原因而工作<br>3.有耐心和同情心<br>4.具備邏輯性的思維 | 1.傾向於避免爭論<br>2.在確定優先權時遇到困難<br>3.不喜歡非正當的變化<br>4.非情緒化的 | 1.穩定的、可預測的環境<br>2.變化較慢的環境<br>3.具有長期的團隊合作關係的環境<br>4.人們之間有較少衝突的環境<br>5.不受規則限制的環境 |
| 謹慎型 | 1.善於下定義、分類，獲得資訊並檢驗<br>2.能夠給出客觀評價<br>3.保持高標準<br>4.有責任心，穩健可靠<br>5.促進綜合性的問題解決，使小團體關係親密 | 1.受批評時採取防禦措施<br>2.常陷入細節之中<br>3.對環境過分熱衷<br>4.似乎有點冷漠和疏遠 | 1.需要批判性的思考的環境<br>2.技術或專業領域 |

根據上述四種類型標準，將員工劃分為四大類，合理安排員工的工作職位，將不同性格的員工放入不同的與理想環境相

似的工作環境之中。這樣，員工在工作與生活之中，接觸到的是與自己處在同一領域的人，不會出現某某走關係空降到某個未曾接觸過的辦公職位的情況，讓員工的價值發揮到最大。這也是人性管理的最普遍、最有效的方式之一。

在企業之中，消除偏見與猜疑，建立信任關係，會降低企業的交易成本，減少人際關係的摩擦。使企業與團隊形成一種對內能夠競爭、爭論，對外能夠共進退的合作競爭關係，在最大程度上激發員工的工作熱情，促進企業總目標的達成，為企業提供動力，讓企業能夠可持續性發展。

## 7.4
# 人性思考法首先要尋找「後設認知」

**思考要點**

**意識決定物質，認知是行動的前提。領導者要想透過人性思考法管理企業，就需要獲得關於員工人性的後設認知，然後根據自身的認知，對員工做出合適的安排，在最大程度上激發員工的潛能，從而促進企業的長遠發展。**

### ●【知識介紹】什麼是後設認知？

為了避免企業內部出現偏見與猜疑，需要領導者更好的去管理人性，這就是人性思考法。

後設認知通常被稱為反省認知、監控認知、超認知等，是人對自己的認知過程的認知，主要包括後設認知知識、後設認知體驗與後設認知監控三部分組成。後設認知是個體進行活動與實踐的先決條件。

人性思考法也不例外，第一步就是尋找後設認知，及了解員工的人性，並掌握這種人性。企業與組織就是要激發員工的野心，同時又要阻止員工產生過度的野心與信心，這是領導者每時每刻需要做的事情。因此，尋找人性思考的後設認知是領導者必須去完成的工作內容，其中包括對人性思考的後設認知知識、體驗以及監控。

有後設認知基礎的人性思考才能在最大程度上激發員工的工作熱情，為企業的發展提供活力，才有可能促使企業進入螺旋上升的發展狀態。

## ●【人性思考案例】人性管理的確實會放大員工的野心

某企業的銷售經理小蕭，業務能力突出，在同事之間的人緣也很好，在銷售部的威信很高。該企業的最高決策者認為小蕭有自己獨特的提升業績和管理成員的方法，於是就將小蕭提拔到了副總的位置。

小蕭上任之後，不斷的擴大業務規模，在短短的一年時間內，小蕭使企業的銷售利潤達到新高。但小蕭逐漸不滿足企業給他的待遇，希望得到更多。於是小蕭帶著銷售部門的菁英員工另起灶爐。但幾個月之後，小蕭的業務公司沒有成功做起來。而沒有跟隨小蕭離開的銷售經理代替小蕭，接任了副總的職位。

為什麼會出現這種情況呢？領導者沒有準確的掌握人性思考的後設認知，沒有讓小蕭產生這樣的認知：一個人的成功與平臺密切相關，也許離開了平臺，做什麼都不會成功。如果該企業的領導者能夠及時的掌握小蕭的人性，那麼小蕭帶來的利潤無疑是非常龐大的，會帶領企業更上一層樓。

那麼領導者應該怎樣才能找到人性思考的後設認知，從而實現人性管理呢？

## ●【要點分析】人性思考的後設認知的尋找方法

### 透過內部交流會了解員工的訴求

溝通是促進企業正常運轉的重要方式。如果，一個企業不進行溝通，領導者只顧制定決策，員工只埋頭苦幹執行決策，那麼在執行的過程之中出現的問題就不能得到及時的解決，問題就像滾雪球一樣，越滾越大，最終會達到無法解決的程度。

在溝通時，領導者應該做到不隨意批判，要及時獎勵。例如，韓國某大型公司的保險箱某天晚上被人盜竊。該企業中的一名清潔人員與小偷進行搏鬥後，保住了保險箱。有人問清潔人員為什麼願意冒著生命危險與小偷進行搏鬥？清潔人員回答：「因為公司的總經理每次從我身邊路過時，都會誇我打掃得很乾淨」。

正是因為短短的一句話，讓清潔人員願意冒著生命危險保住企業的利益，這就是「士為知己者死」。清潔人員一直都是一個不被重視的職位，但仍會有獲得自我與他人認可的心理訴求。

領導者進行人性管理，就需要與員工溝通，找到並了解員工心理訴求與物質訴求，這就是人性思考後設認知知識的一部分。在掌握了後設認知知識之後，就可以實現精神與物質層面的雙管齊下。

### 後設認知體驗：知人善用

人性思考的認知體驗是其後設認知的第二個部分，這要求領導者做到知人善用。正所謂「橘生南則為橘，生於北則為枳」，環境對一個人的影響十分強大，領導者只有根據員工的特點，將員工放在適合他的職位才能成為甘甜的橘子，否則就只能成為苦澀的枳。

知人善用在許多知名企業之中都有相應的方法策略。例如「輪職制度」，就是讓員工嘗試在不同的職位上工作，領導者可以透過員工在不同職位上的表現，判斷員工最適合哪種類型的職位，然後為員工做最好的安排。

在最適合自己的職位，員工往往能夠做出一番成績，從而會獲得自我價值的肯定，然後抱著感恩的心態去為企業工作，回報企業。

在這一過程之中，領導者透過員工為企業帶來的回報，對人性思考產生更加深刻的認知：透過信任、關心員工，滿足員工的心理訴求是人性管理的重要部分，其重要程度遠遠超過滿足員工的物質訴求。

如果領導者不能做到知人善用就是在浪費人力資源，而在企業之中人力資源的浪費才是最大浪費。人性思考的後設認知體驗就是幫助領導者避免人力資源的浪費，透過對員工人性中的優勢面的掌握，充分發揮員工的價值。

## 進行監控，及時回饋

後設認知中的認知監控就是在認知的過程之中，對認知目標進行及時的評價，並回饋認知結果與認知過程中的不足之處。這要求領導者知人善用，將人才安排至最合適的位置時，還需要進行監控。

當然這裡的監控並不是為了達到控制員工的目的，而是領導者對自我認知與員工行動的監控與回饋，這是為了領導者能夠及時調整自己對員工的認知，避免對員工產生偏見與猜疑。領導者對員工行動的監控，是為了讓員工明白自己工作的過程之中出現的問題，只有這樣才能幫助員工進行及時的改進。

在進行回饋時，領導者可以透過員工的執行情況，判斷是否要改變自己對這名員工的認知。

例如，領導者準備開除一個平時吊兒郎當、在企業中混日子的員工，但突然發現這名員工開始認真工作，並在一個月之內提升了自己的業績。領導者就可以在未來的幾個月之內對其進行觀察。如果該員工仍是以積極的態度去處理工作，就可以將這名員工留下來，還可以根據他的優勢來培養他。

進行認知監控時，領導者一定要注意與員工進行有效的溝通與交流，否則員工對自身的問題不自知，還會認為是領導者對他產生了偏見。在溝通之中，領導者還可以發現員工真實的想法與訴求，並透過相應的方法滿足其訴求。

以上從後設認知的認知知識、認知體驗與認知監控三個組成部分，分析了領導者應該「如何尋找人性思考的後設認知」的問題，幫助領導者更好的使用人性思考法來管理企業，從而建構人性思考型組織。接下來，我們將來具體介紹，在後設認知的基礎之上，建構人性思考型組織的具體步驟。

## 7.5 建構人性思考促成組織創新的 5 個步驟

**思考要點**

農夫與蛇的故事大家都耳熟能詳，農夫無法改變蛇咬獵物的天性，但能訓練蛇去殺死危害莊稼的田鼠，從而增加產量。優秀的領導者應該也是如此，透過充分發揮員工的優勢，進行人性管理，建構人性思考型組織。

### ●【人性思考型組織案例】A 公司的人性管理

A 公司在管理的「三把斧」將人性管理與流程化管理聯合了起來。

在徵才方面，實行「聞味道」的準則，即：判斷前來面試的人與自己的團隊、與領導者自己、與企業是否是同一類人，是否有著相同的價值觀。其領導者堅信只有同一類人，才可以朝著同一個目標的方向，共進退、謀發展，因為價值觀是一個人的人性的表現。

對那些與企業價值觀、文化不符合的員工，領導者認為「心要慈、刀要快」，及時的將他們請離出企業，並為他們的職業發展方向提供一些真誠的建議。這不僅是為了避免這類員工對企業的發展帶來阻礙，也是為了讓員工不必在不適合他的企業與職位上浪費時間。

A 公司領導者透過徵人與開除人打造了人性思考型組織的基礎，還透過團建活動，加深企業與員工之間的連結，讓員工感受到自己在企業之中備受重視，更受到企業的關懷。例如，A 公司會經常舉行員工聚餐、定期公費旅行等，讓員工感受到家的溫暖，讓員工與企業形成一個命運體。

在將人性思考型組織的基礎打造好之後，就要開始進行具體的建構，A 公司領導者透過「定目標」、「追過程」以及「拿結果」的三部曲來實現具體建構。

A 公司領導者透過這幾種方式將 A 公司打造成一個人性思考型組織，這對其他領導者進行人性管理具有十分重要的借鑑意義。透過其案例，我們可以了解到建構人性思考型組織的具體步驟。

## ●【要點分析】建構人性思考型組織的步驟

建構人性思考型組織，實質上就是建構以人性管理為根本的組織，及具體的建構步驟如下：

### 找對人

建構人性思考型組織的第一步就是聚集合適的人建構成一個組織。人性無法改變，領導者對一個員工的改造是有限的。因此領導者在建構組織時，就需要找到與企業價值觀、文化相契合的員工，這樣才能規避因找錯人而帶來的負面影響。

對於領導者來說，找員工不一定要找最好的，但一定要找最合適的，不論是任何事，選擇都是最重要的事情。

## 清除不合適的人

在一個團隊，最理想的人才是既有出眾的業績，又能與企業的價值觀相配，且富有團隊精神。然而，這樣的員工終歸是少數。有的人雖然能做出成績，但價值觀較差；有的人價值觀較好，但業務能力平平。領導者要做的就是清除那些價值觀與企業不符合、業務能力也不能達到合格要求的員工。

在這一過程之中，領導者通常會做比較人性化的安排。例如發現員工的業績一直無法提升，領導者可以先觀察這名員工，然後再與這名員工面談，幫助員工學習解決問題的方法。如果在進行三次面談之後，員工的業績依舊不能提升，領導者可以考慮替這名員工調整，讓他到更加合適的職位上去。

如果員工在比較適合他的職位上依舊無法做出成績，領導者可以考慮開除這名員工。如果決定開除員工，要做到好聚好散，可以為他們提供職業規畫等方面的建議。做到有情有義、仁至義盡就是進行人性管理，打造人性思考型組織的重要步驟。

## 滿足員工的訴求

「團隊」在現代有一個很確切的解釋：在利益的驅使下臨時性結成團體衝擊目標，但缺乏穩定性，持久性和前瞻性，將來不明朗，由於缺乏科學的組織結構和系統化的協同運作，不能發揮最大績效的組織。

員工到企業工作無非是為了金錢或者是為了實現自己的一腔抱負。但領導者如果只將金錢作為企業與員工的連結關係，那麼企業就會缺乏穩定性，企業的將來也就不會明朗。因此，領導者應該在滿足員工的物質需求的基礎上，滿足他們的精神與心理訴求。

### 建立共同的目標

建立共同的目標是為了讓企業內部能夠更加團結，能夠讓員工提高工作效率，為了企業目標的實現而不斷努力。在這一個過程之中，領導者就是在喚醒員工對「贏」的渴望，從而使員工獲得工作的熱情與活力。

在制定目標時，領導者要注意「企業目標必須是每個員工目標的總和」，企業目標必須是可以達成的，但又要有一定的難度。這樣可以讓員工們經過共同努力實現目標之後，獲得極大的成就感，從而獲得自我價值的肯定，這是人性管理的目的。

### 追蹤執行過程，進行有效回饋

這裡的追蹤執行過程，不是對員工工作的簡單監視與部署，也不是對其行動進行嚴厲控制的手段，而是協助員工解決在目標執行過程中所遇到的困難，使其一直處於工作的正常軌道上，按時並品質保證的完成目標。如果員工在中途發生了偏離，領導者還可以及時的幫助員工把偏離的方向拉回來。

追蹤員工的工作過程是為了及時的找到並糾正目標實施過程中出現的偏差；透過互相監督，加強競爭，激發員工的工作熱情與進取心；根據市場變化、企業策略、團隊狀態等，來靈活的調整目標，確保目標順利執行。

人性思考型組織的創建要求領導者要對員工的能力、優勢、追求等各方面有精準了解。因此，領導者要掌控員工實現目標的必要技能，要掌控每日、每週、每月工作流程的制度，還要掌控員工過程中的起伏心態，最後還要掌控過程中容易忽視的細節。

只有這樣才能及時的發現員工的訴求與問題，並及時的進行回饋，從而幫助員工得到更好的發展。

### ●【要點補充】建構人性思考型組織的注意事項

領導者在建構人性思考型組織時，不能只側重於人情味，還需要建立一套完整的規章流程，這樣既能激發員工的積極性，又能夠用規章制度為員工設置一個底線。這是為了讓員工顯露野心，但又能讓員工的野心不超過企業規劃的範圍。

一位企業創始人將小李作為自己接班人培養，讓不到 30 歲的小李出任 A 公司的副總裁。可最終小李因為自己的野心，帶走公司的一批優秀的員工，自立門戶，與 A 公司成為競爭對手，最終小李的公司因競爭失敗被 A 公司收購。

在這裡提出這個案例就是希望領導者能夠明白，有野心的員工確實能夠為企業帶來生機與活力，但也要設置野心的底線，這樣才能避免被反咬一口。

「農夫與蛇」的故事就是如此，在蛇看來自己並不是忘恩負義，只是本性使然。真正優秀的領導者應該學會馴服蛇，讓他發揮自己的天性的對象變成危害莊稼的田鼠，而不是對自己，這就是在進行人性管理。

透過以上步驟，領導者可以在最大程度上激發員工的積極性，實現人性管理，建構人性思考型組織。

# 第 8 章

## 利用 U 型打通 6 大思考

## 8.1
## 「下載」之後的「思維暫懸」

**思考要點**

企業的「下載」式思維，就是複製前人或者自身的成功的經驗與思想，如果不加以思考，就會陷入故步自封的泥潭之中。因此領導者與員工要在「下載」之後「思維暫懸」，從而進行判斷，並透過感知未來實現創新。

「下載」式思維就是「下載」前人已有經驗的思考模式，如果企業被陷入這一模式之中，就無法進入創新狀態，會造成企業的故步自封、停滯不前，甚至會使企業被淘汰。

領導者與員工在「下載」的過程中，沒有獨立思考，將已有的經驗與現實相結合，就會使企業整體陷入病態的過程之中，即：下載、失察、故步自封、自我欺騙、毀滅。企業要避免走向毀滅，就要讓全體學會思維暫懸，判斷過去的經驗，真正的去感知未來從全新的角度去看待問題，從而打破故步自封。

### ●【思考案例】思維暫懸，判斷已下載的經驗

在 2010 年，A 網站是團購網站界的三大龍頭。

A 網站在成立不到一年的時間裡就創造了 10 億交易額的

輝煌成果，在 2011 年其日貨量達到 300 萬之多，然後在短短幾年的時間就開始走下坡路，最終倒閉。A 網站從團購第一到悲情倒閉，最根本的原因就是陷入了故步自封泥沼中，不懂得創新。

同為團購界的龍頭的 B 網站，在團購業務發展起來之後，還推出了外送、訂票、預約住宿等新業務。而 A 網站並沒有在業務上進行創新，只依靠團購支撐，這與一站式服務的 B 網站相比，簡直是「小巫見大巫」，失去了與 B 網站一論高下的競爭力，最終倒閉。

舊有「下載」式思維是 A 網站倒閉的元凶，透過這一案例，領導者應該明確了解這種思考模式的危害。要想避免陷入，就必須在「下載」之後，進行「思維暫懸」。

「思維暫懸」就是先暫懸舊有的思考模式，要求企業全體透過觀察與獨立思考後放下舊思想，從而能夠去感知未來，連結未來，尋找更多可能性，得到創造性的想法。

領導者與員工進行「下載」，一定是為了解決某一問題或者達到某一目的。

例如，員工在解決業績下滑的問題時，闡述的問題是這樣的：「我的業績為什麼會下滑？」其回答為：「因為工作狀態不好」。這樣澄清的實用價值並不高，因為員工無法從這個問題的結果之中找出具體的方法。

「我的工作狀態為什麼不好？」回答結果為：「我的工作方

法出現了問題，導致效率不高、狀態不好，使業績下滑。」這樣的問題，才能夠讓員工準確的抓住問題的本質——「工作方法」，並根據這一本質去思考下載的經驗與方法是否適合自己適用。如果不適用則可以重新下載符合的經驗，再進行篩選與二次創造。

透過澄清問題與目的，再觀察判斷下載的經驗是否適用，是避免陷入故步自封的重要方法。

## ●【思考總結】思維「暫懸」的方式

### 打開心靈，運用同理心

一個故步自封的企業往往會使領導者與員工喪失同理心，只能從自己的角度去看問題，使員工與領導者出現認知局限，無法從宏觀上為企業的發展出謀獻策。

據研究顯示：在美國，有 14% 的機會碰到專制主義的領導者，這樣的領導者會提高員工缺勤率、醫療支出費用等，從而增加企業的額外成本，每年約為 238 億美元。

專制主義的領導者，對員工沒有同理心，只根據自己的想法與經驗領導員工與管理企業，將企業變成了個人「一言堂」，這使許多決策都不夠完美謹慎，為企業的發展埋下了隱患。

「權力越大，責任越大」，領導者應該克制自己的掌控欲，給予員工信任與尊重，透過同理心建立一個和諧的、不缺乏正當競爭的企業環境與氛圍。

美國某公司的領導者，在公司內部實行彈性工作制度，給員工充分的自由。員工可以選擇工作的地方、方式與時間，但工作必須在規定的時間之內完成，品質必須達到要求，並獎勵那些能夠高效能高品質完成工作的員工。

其內部員工查理通常選擇在家裡處理工作，時間通常定在晚上，他認為夜晚的寧靜可以激發其創造的靈感，他時常能夠快速且高品質的完成工作內容。該公司的領導者從員工的角度出發，讓員工選擇最合適自己的工作方法，並尊重員工的選擇。這樣的決定，提高了員工的工作效率，並在今年的第一季度實現利潤翻倍的目標。

當然，同理心不僅表現在尊重員工的選擇之上，更多的則呈現在肯定員工的價值方面。當一位員工提出建議與想法時，要暫懸評判，保存員工的思考種子。

例如，某一員工經過幾天的收集資料、匯聚資訊、分析資料之後，向領導者提出一些建議。即使領導者發現這建議不具備可行性，也不能用「這個建議真是太糟糕了！」這樣的話語去全面否決。否則會挫傷員工獨立思考的積極性。

這就要求領導者將過程與結果分開，從過程方面對員工進行嘉獎，從結果方面明確的指出員工存在的問題。這樣領導者就能將自己代入到員工的角度，去看待問題，發現問題的本質。在促進員工獨立思考的同時，也讓自己有了全新的看法與思路。

不僅是領導者需要同理心，員工也是如此，需要透過與其他員工的交流，發現自己的思考缺漏，從而不斷的改進，提升自己的工作效率與業績。

## 放下過去，實現創新

放下過去，需要領導者與管理者去觀察、預測未來可能會發生的問題，並將未來的可行性連結到當下，實現創新。

B 網站作為最大的一站式生活服務平臺，也在不斷的將未來的可能性連結到當下。B 網站在成立之初的定位為團購平臺。但其創始人在其發展之路上，觀察到團購市場即將飽和且競爭更為激烈，B 網站不能只依靠團購，而是要實現轉型才能有更長遠的未來。

「大部分的人每天吃三頓飯，光這個國家的人每天都要吃至少 40 億頓飯」，創始人在了解到這一商機之後，立刻對外送市場進行調查，並預測到未來的發展方向，於是將業務核心逐步轉向外送業務。如今，B 網站已經與另一家成為外送界兩大龍頭。

B 網站的成功轉型，就是放下過去，並透過實際預知未來，進行創新的成果。領導者與員工實現創新是思維暫懸的最終目標。

「紅皇后假說」提出了這樣的觀點：在這個國度，必須不停奔跑才能保持在原地。如果你想前進，請加倍用力奔跑。企業也是如此，只有放下過去，不斷的思考與創新，成為思考型組織，才能跟上市場的變化與時代的步伐。

## 8.2
# 接納後的結晶、具化、運行

**思考要點**

接納後的結晶、具化與執行辦法，都需要領導者發揮可靠的核心力量的功能，在不斷的提升自身的思考能力的同時，促進企業員工跟上思路進行思考，從而實現打造創新型組織的目標。

企業透過思維暫懸，促進領導者獨立思考、觀察、分析之後，使企業打破慣性思維。在這一過程中領導者會不斷的放下過去，以平靜的心態接納自己、接納企業，根據已有的現實結晶出在未來可能實現的遠景和意願，這是企業全體都應該去做的事情。

在上文中，我們透過對思維暫懸的分析，了解到暫懸之後，透過不斷的思考與分析，慢慢打破固有思維、打開心靈，實現創新的過程。但這一結果的最終目標實際上是「結晶」，即確定願景。

### ●【思考小場景】接納後的「結晶」

星巴克的創始人舒茲（Schultz）有一次到倫敦最繁華的街道，看見有一位老人在其中開了一個非常小的店面賣起司，這讓舒茲感到非常詫異。於是他問老人賣起司是否能交得起房租？

老人告訴他這條街上有很多店面都是他們家的。他們家幾代在這裡賣起司，就算賺了錢，也不會做其他的生意，於是就買了許多門市租給周圍的商家，他依舊開著小店賣起司。老人還說，他的兒子也在半小時車程的農莊處做起司。

老人還告訴舒茲，只要你熱愛一件事情，只要你願意去堅持，並且知道在堅持的過程中應該拒絕怎樣的誘惑，就能做好這件事。

上例中的老人雖然沒有將企業做大做強，雖然只是一個小店，卻依然成功。這是因為這位老人能不斷的放下過去，並且不被未來的表象迷惑，而是安靜平和的去接納自己。老人沒有擴展業務的願景，但把快樂經營自家小店，專心致志的做一件感興趣的事情作為自己與小店發展的願景，並為之努力。

領導者應該像老人一樣，在確定願景之後，不被其他的誘惑迷住眼睛，而是全身心的投入到奮鬥的過程之中。領導者還需要讓員工也接納這一願景，讓他們主動的為這一願景思考、出謀劃策，在實現願景的同時，順便實現打造思考型組織的目標。

每一個人的世界都分為物質世界與精神世界。領導者用薪酬福利等制度滿足員工的物質世界之後，就需要將重點放在員工的精神世界。交流對話是最好的連結員工精神世界的重要途徑之一。

例如許多大型公司都有自己的內部交流平臺，在一定程度上，加強了領導者與員工的連結，使領導者能夠及時的了解員工的精神世界的變動。

美國著名的心理學家羅森塔爾（Rosenthal）曾做過一個實驗：到一家學校來考察，並隨意從每班抽 3 名學生。羅森塔爾告訴校長，被挑選出來的學生經過嚴密的科學測驗，被判定為智商型人才，在未來將會有重大的成就。

過了半年之後，羅森塔爾又來到該校，發現自己隨意抽選的幾名學生已經比之前有了很大的進步。後來他們進入社會，在不同的職位也是令人望其項背的存在，做出了非凡的成績。

這一結果就是期望心理中的共鳴現象產生的結果，這種效應被稱為「比馬龍效應」。

在對話與交流的過程之中，領導者可以利用「比馬龍效應」，充分發揮心理的作用與反作用力。領導者需要對員工投入感情，用希望以及心理上的誘導，使員工充分發揮主觀能動性，用積極的態度去思考、去創造。

例如，領導者在進行計畫安排時，對員工說：「我們大家都相信你一定能夠高品質高效能的完成任務」、「不要著急，你總是能在最關鍵的時刻找出辦法」等等。透過這些帶有領導者個人情感的話語，會使員工在潛移默化之中朝著領導者期待的方向努力。讓員工接納企業的願景，並根據願景調整自己的發展方向。

## ●【思考總結】結晶的具化與執行

### 具化

「結晶」具化即願景的具象化，主要表現在員工的接納程度上與願景的細分程度上。領導者與員工的契合度越高、交流就越順暢，員工對願景的接納程度也就越高。

事實證明，對願景認可度越高的人群，往往是團體之中的思考者，不會盲目的去完成上級交代的任務，而是執行力強，多思考是否還具有其他更易操作、且更有效的方法。在工作出現問題時，不會一味的找上級，而是思考好幾種方案與上級去討論是否可以解決問題，從而促進全員獨立思考能力的提升。

結晶具化，還可以透過目標宣講大會將願景細化，讓每一個員工都參與到實現願景的旅途之中。宣講大會就是將員工聚集到一起，然後由領導者進行宣講，務必讓每一個員工都能明確自身的價值與工作任務。

例如，某一公司在三年之內的願景是達到同產業的中高階水準，因此可以將願景細分，根據業務部、售後部門等部門的不同特性劃分不同的任務小目標。在部門之下，部長可以又將小目標細分，不同的小組有不同的任務。這樣在最後的基礎單位將會變為：個人。細分單位越小，員工的獨立思考能力提升得就越快。

### 執行

執行就是將獨立思考的結果用行動，充分連結大腦、心靈與雙手，將想法付諸於實踐。

例如，一位企業家在提出「新零售」的理念之後，並沒有停滯不前，將理念存放在空中高閣，而是將理念落在實處。他根據這一理念，制定了長遠的策略目標，例如與其他企業的合作就是十分具有前瞻性的策略合作。

領導者在自己與員工共同進行願景奮鬥之時，不要只是畫大餅，而是要像上述的企業家一樣，拿出具體的實踐計畫與方案，與員工共同商討其中還存在的缺陷與問題，並及時進行排查，做出調整。

接納後的結晶、具化與執行辦法，都需要領導者發揮核心力量的功能，在不斷提升自身的思考能力的同時，促進企業員工跟上思路進行思考，從而實現打造思考型組織的目標。

## ●【要點分析】成為獨立思考者的 6 大方法

### 以全新的視角觀察

領導者要從全新的視角去觀察與分析，做出正確的判斷，制定最佳的決策，並堅定的執行下去。全新的視角就是領導者要「觀察自己觀察到的內容」。觀察到的內容可能是自己的經驗，或者是他人的建議，也可以是其他領導者成功的案例，領導者的獨立思考就是繼續觀察分析這些內容。

在這一環節中，奧圖 · 夏默提出了認知的三個層次，這也是觀察的三個層次：打開思維、打開心靈以及打開意志。讓領導者開始學習他人的經驗時，就已開始打破自我封閉，打開思維慢慢接納他人的經驗與建議，這就達到了第一個階段。但這

只能讓領導者辨識新事物，並不能帶來改變。

打開心靈是第二階段的觀察，就是看見不可見之物，覺察到如果繼續過去的趨勢，在未來將會面臨的何種威脅。在這一過程之中，就是要避免被新觀察的內容麻痺，用自己的思考去觀察這些既得的認識，從而得出基於事實的全新想法與觀點。

打開意志的觀察階段就是透過觀察的結果開啟承諾，即領導者需要認清自己必須做的事情和不能做的事情，並對自己定下承諾。例如領導者在了解到某知名企業的成功原因之後，就可以根據自己企業的情況定下自己與企業的目標，然後透過科學的方法去實現這個目標。

領導者以全新的視角觀察，就是將這三個觀察層次結合為一個不可分割的整體，並從中得出適合企業發展的觀察成果。否則領導者就會陷入扭曲的情境與追求目標的偏執之中。

## 改變注意力結構，掌握整體

將注意力推向深層次，改變注意力的結構，也是領導者培養獨立思考能力的必要途徑，這一行動往往發生在決策之前。這需要領導者能夠從他人的角度，從整體的角度去感知，我們將在第二層全面思考、深度思考、動態思考中詳細解釋。

領導者往往會將注意力集中在自我認知的方面，因此做出的決策會比較狹隘，可能會因眼前的利益放棄長遠的利益。因此，領導者要時常聽取其他領導者與員工的想法與建議，從而可以從整體上去掌握問題，做出判斷。

例如某企業在內部設置了線上溝通平臺，讓員工提出自己的想法與建議，領導者就時常透過員工的貼文，集思廣益。這可以在較大程度上彌補決策的不足，降低失誤的機率。

## 自然流現

自然流現就是「讓內在在認知中湧現」，這要求領導者達到「靜」與「安」的境界，只有讓內心保持寧靜才會讓認知浮出水面。領導者在觀察之中得到的成果，將會以自然流現的方式展現在其領導的過程之中。領導者可以將企業的願景與自身對未來的預想為源頭，實現自然流現。

例如，丹麥的雕塑家艾瑞克·萊姆克（Erik Lemcke）在與知名雕塑家合作的期間，學習到了許多方法與技巧，並突然察覺到自己內心與創作相連到了一起，內心充滿了愛與關懷，他的內心讓他能夠直覺的知道自己必須去做什麼，引導著他進行雕塑創作。

這就是自然流現的過程，他將向知名雕塑家的學習成果與自身內在的創作熱情結合，從而在創作中，以自己的方法去進行更加富有創造力的作品創作。領導者也應該如此，透過自然流現的方式，將願景作為力量的泉源，將觀察的結果以合適的方式表現出來。

自然流現實際上也是獨立思考成果的具象表現，是領導者成為獨立思考的、真正的領導者的重要方法。

## 明確願景與意圖

米德（Mead）曾說「永遠不要懷疑一小群有思想、有奉獻精神的人士能夠改變世界的說法」，而具有獨立思考能力的領導者就是將這一小部分人的潛力激發出來。這要求領導者能夠透過明確的意圖與願景拴住這部分員工的心。

領導者透過明確的願景以意圖讓員工看見希望，創建一個足夠吸引優秀員工的能量場，然後以機會與資源激勵員工，讓其變為實現目標的推動力。

如今許多大企業都將股份分給這些有思想，且甘於奉獻的員工，從而形成一個命運共同體，讓員工將企業的願景視為自己的願景，將企業的發展視為自己的事業，並為此不斷奮鬥，例如許多知名企業，他們體驗到的未來就是他們希望的樣子。

## 整合頭腦、心與雙手

整合頭腦、心與雙手的模型，就是要求領導者不要只是根據頭腦與心靈去想像、去感受，而是要透過雙手來實踐。

「讀萬里書，不如行萬里路」，任何事情都需要透過實踐才能得出真知。領導者用頭腦去吸取他人優秀的知識，並加以分析思考，做出正確的判斷，然後用雙手付諸於實踐。一位企業家提出的新零售的概念能改變純電商的道路，就是他不僅提出了建議，還制定出了標竿，做出了實事。

## 融入團體，發揮集體的力量

小提琴家 Miha Pogacnik 在大教堂演奏時，會從內心去超越自我的演奏。他認為在這一刻自己不僅在演奏小提琴，而是在演奏圍繞在身邊的巨集提琴——即大教堂的每一處、每一個角落。這就是將演奏融入到集體與環境之中。

領導者在獨立思考時也是如此，要將自己融入到集體環境去進行管理與領導。在大多數系統、企業、組織中都需要能夠讓領導者演奏巨集提琴的必要元素，即：召集合適的員工組合，以及能夠聚集相關利益的社會技巧，這是領導者需要獨立思考的部分。

召集合適的員工組合就是透過價值觀連結在一起的員工團隊，這要求領導者在進行領導與管理工作時，要不斷的向下傳遞企業的文化與價值觀。例如沃爾瑪員工每天早上都會透過歡呼來增強企業文化的黏合力，形成了獨特的「沃爾瑪歡呼」文化。

聚集相關的利益者主要透過薪酬、股份、福利等方式來聚集員工、激勵員工。逢年過節贈送小禮物等都是聚集這些利益相關者的技巧。「籠絡人心」也是一種聚集員工的技巧。

領導者透過對兩個必要元素的分析與思考，得出最佳的方式，逐一擊破，將自己融入到團隊之中，在最大程度上聚集員工，激發其潛力。

「工欲善其事，必先利其器」，方法論就是領導者的「器」。透過以上方法論的指導，領導者可以實現獨立思考，不斷的提升自己的領導力。這是領導者成為真正的領導者的重要方法。

## 8.3
# 如何利用 U 型建構思考型組織

**思考要點**

**培養獨立創新型團隊要從消除團隊之間隔閡出發，使員工與領導者形成價值觀與文化認同方面的統一整體。領導者在此基礎上使團隊上下形成共同感知，分散決策權，運用「腦力激盪」激發員工獨立思考的能力，充分發揮「群體決策」的效用。**

### ●【思考小場景】消除隔閡是培養獨立思考型組織的前提

小李是某房地產公司的銷售人員，為了提升自己的業績，小李不擇手段。有一間因室內設計不合理的房子一直賣不出去，小李想方設法的欺騙顧客。例如浴室採用木質材料，且不防水，小李就用「貼近自然」的理念向顧客洗腦等。最終有客戶在小李的呼攏下購買此間房，讓小李獲得了一萬多的分紅。之後顧客投訴時，小李卻置身事外，甩手不管，將問題拋給售後部門。

這樣的行為就是典型的利己主義，將個人的利益放在企業的利益之前，甚至是不顧企業的利益。此後，該顧客經常對前來看房的其他顧客宣傳這件事情，不僅影響了其他銷售員的業績，也使企業流失了大量的顧客。最終小李被辭退。

其他的領導者應以此為戒，雖然小李進行了獨立思考，但其思考卻只從自我出發，沒有考慮到團隊效應。這實際上就是員工與企業之間產生了隔閡，從而使員工只為自己工作，而不考慮企業。

尼采（Nietzsche）認為人類是「一根懸在深谷上的軟索」，透過連接起來跨越了危險的深谷。這樣的關係在如今依然存在於各種組織之中。組織與團隊中的員工就是構成軟索的每一個因素，而深谷就是人性深層次的隔閡。消除隔閡是領導者培養擁有獨立思考能力的團隊的前提。

## ●【消除隔閡的方法】轉變員工注意力，提升員工的心理素養

### 扭轉注意力

扭轉注意力就是使員工在人性的深刻層面上彼此連結，從而讓員工的注意力聚集在企業目標的實現上，達到目標一致，最終形成一個緊密的整體。

有許多團隊成員都將注意力放在自我的業績上，只考慮到自己的利益，並未考慮公司的利益。

創新型的團隊不僅要求員工要獨立思考，還要求員工從團隊整體的發展角度去進行獨立思考。領導者要將員工的注意力集中到企業的大目標之下，個人利益要服從整體利益。對於領導者來說，強硬的手段可能會適得其反，攻城掠地之中，攻心為上策。

領導者要根據員工的心理需求，認可員工的價值，從而實

現價值觀念與目標的統一，激發員工的思考能力。認可員工的價值主要是透過獎勵來實現，例如，某團隊因為有一名員工提出了關鍵性的建議，而使團隊獲得了某一專案的成功，團隊的領導者申請公費帶團隊員工去觀光景點遊玩。

透過這樣的獎勵，讓員工明白，每一位員工都是團隊中必不可少的一部分，團隊的勝利才是最終的勝利。員工會將企業團隊的目標作為自己的目標，攜手為團隊的勝利而努力。在增強企業向心力的同時，也鼓勵員工獨立思考，為企業團隊的發展出謀劃策。

## 減緩壓力，激發員工內心的力量

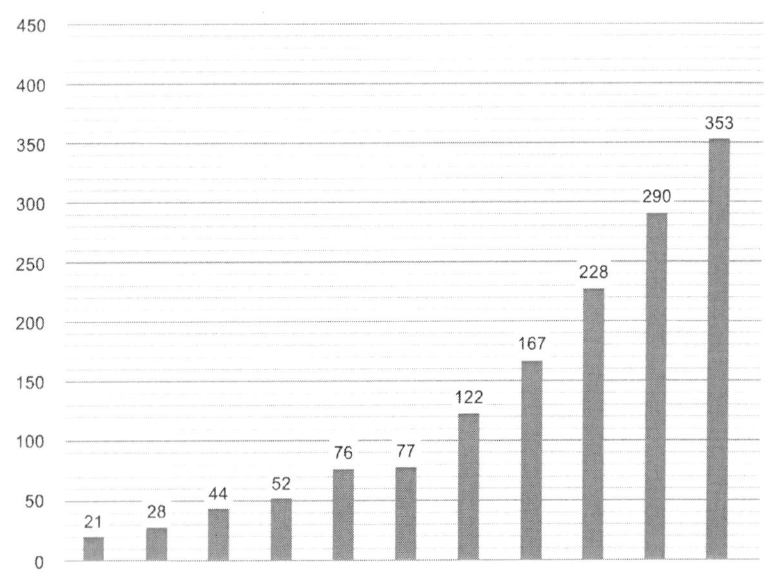


圖 8-1 2000 年～ 2011 年減壓出版物出版的情況

從 2005 年開始，關於減壓的書籍出版數量急速增加，這從側面顯示出減壓已成為社會的熱門話題，是需要長期實踐的問題。

壓力是一種具有破壞性的情緒，過大的壓力會讓員工被這種情緒傷害，在員工的外圍布滿濃密且尖銳的刺，阻礙團隊的溝通與正常運行。被極大壓力支配的員工，不能很好的集中注意力，獨立思考的時間急遽減少，效率會快速下滑。

這需要領導者能及時的感知員工的壓力狀態，並進行調節，從而剷除員工之間的溝通障礙。通常對於壓力，領導者都會透過團隊聚餐、旅遊來實現減壓的目的。但領導者還可以透過幫助員工增強自身的抗壓能力實現目的。

心理與活動團建是幫助員工增強抗壓能力的重要方法。例如表彰大會也是心理團建的重要方式。領導者透過表彰優秀的員工，激發員工的自信心，從而增強內心力量，實現抗壓的目的。這樣內心強大的員工，才會在面臨問題時從容不迫，能夠理性的去思考分析問題，最終找到解決方案。這樣的團隊才會是擁有獨立思考能力的團隊。

**●【建立獨立思考型組織的方法】建立共同感知，轉變領導力源**

如果團隊都各自為政，領導者的任務就是將他們連接起來，引發他們發揮更大的效用。當今許多知名企業和組織都開始按照職能、部門與地域下放決策權，讓更多的員工參與到決策過程中，從而激發員工獨立思考的熱情。

轉變領導力源就是將決策權分散，讓團隊形成基於獨立思考的共創關係，並以此為核心打造全新的生態系統組織模式。

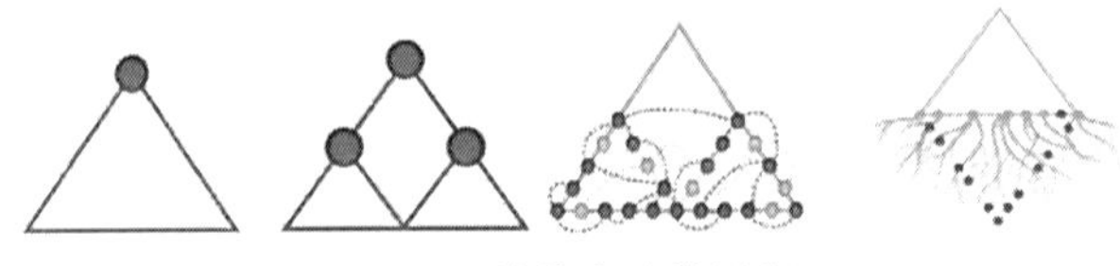

圖 8-2 決策力分散過程

決策權分散的最終形態就是打造具有思考能力的團隊的關鍵因素，透過將「一言堂」的團隊轉變為員工的團隊，實現團隊在組織意志上的統一，共同促進企業的成長。在這樣的系統之中，既有個人獨立思考的成果，也有團隊的集體智慧。

分散決策權必須要建立在團隊的共同感知上，否則，團隊員工的獨立思考也是無效的，對團隊的行動不具備指導意義。建立共同感知是打造獨立創新型團隊的本質，以下方法就是解決這一本質問題的關鍵。

## 創建聆聽的平臺

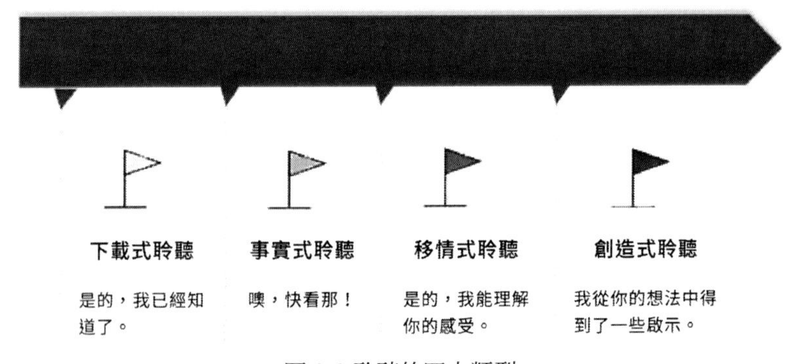


圖 8-3 聆聽的四大類型

領導者需要建立的聆聽平臺是為了在企業團隊中實現創造式聆聽，讓員工在聆聽與交流的過程中，獨立思考，得出自己的想法與建議，為領導者的決策提供參考依據。透過建立創造式的聆聽平臺，打造獨立思考型組織與團隊。

某企業使用一款 APP 作為團隊內部交流的平臺，在該平臺上領導者時常開啟電話會談。在電話會議上，員工不必面對領導者，這減輕了員工面對老闆的壓力。該企業還開設內部交流論壇，可以讓員工匿名表達出內心的真實想法。

在今年的制定「購物節」策略的討論電話會議上，有幾名員工大膽的提出了自己的意見與看法，其他員工受到啟發，思考出幾個又有實際操作性的辦法，例如與某品牌進行聯名活動等，這讓企業在「購物節」中的銷售額達到歷史新高。

「購物節」完美收官之後，有員工匿名在論壇上發表活動中存在的問題，雖然有粗鄙之語，但話糙理不糙，讓其他員工恍然大悟，並自發總結了教訓，立志在下次活動中「更上一層樓」。

其他領導者也可以如此，透過論壇、電話會議等方式打造一個互動平臺，讓員工在聆聽與交流中學習思考，感知他人的想法與建議，在不斷的磨合與討論之中，形成共同感知，從而提升整個企業團隊的獨立思考能力。

### 利用「腦力激盪」，激發創造力

「腦力激盪」就是企業團隊裡的每一位員工在不受任何限制的氛圍裡，積極思考暢所欲言，從而實現集中訓練創造力的方法。

「腦力激盪」是避免員工從分散決策權的過程中產生「群體思維」，即員工在互相的心理作用的影響下，屈於大多數員工的意見與建議。

有一年美國的電線設備被突如其來的大雪壓斷，電信公司的經理召開了一種迅速啟發員工創造力的座談會。在這場會議上，員工可以提出天馬行空的想法，沒有人會對其進行評論。

有一名員工提出了坐飛機掃雪的建議，這種看似荒唐的建議卻引發一位工程師的聯想：用直升機高速旋轉的螺旋槳將電線上的積雪扇落。會後，電信公司組織專家團隊對這一想法進行論證，發現確實具有實際操作性。在經過方案改進後，解決了電線積雪的問題。

運用腦力激盪的方式，就是領導者給出一個主題，讓員工能夠自由思考，不被外界其他因素束縛。在自由思考與發言的過程中，不會出現評論，避免壓制員工的創造性思維。領導者甚至需要鼓勵員工多提出一些設想，然後引發全體員工的聯想，進行智力互補，讓員工去思考如何將多個設想結合成一個全新的、更加完善的設想。

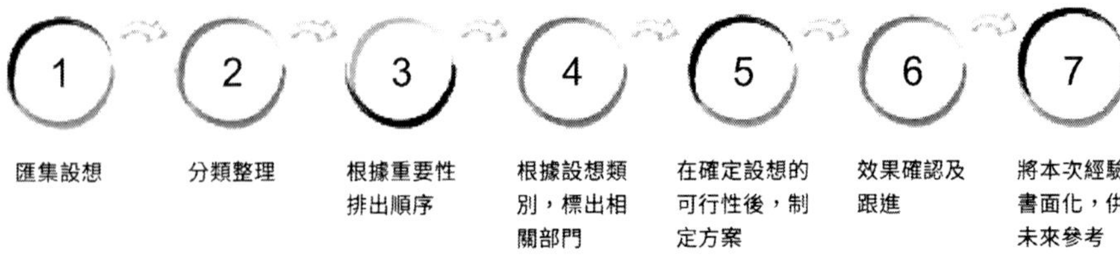


圖 8-4 進行腦力激盪的步驟

心理學研究表示，人在競爭中可以將心理活動的效率提升 50%。腦力激盪實際上是透過短時間的激發員工的思考熱情、提升競爭意識，引導不斷的打開思維、獨立思考，提高群體決策的創造性。

將「腦力激盪」與創造式的互動平臺相結合，可以在最大程度上提升員工獨立思考的效用，這是領導者打造獨立創新型團隊與組織的重要方法。

我們從 6 種常見的慣性思維出發，了解了打造思考型組織領導者應該具備的 6 種思考方法與能力：獨立性思考、批判性思考、全局思考、深度思考、動態思考以及人性思考能力。

在本書之中，側重點在於透過思維理論知識與案例的形式，分析打造一個思考型組織在思維層次上的建構內容與具體方法。而高層次的思考往往能夠帶來創新。最後要說一句話：這裡面的思考前提都是創新！

# 後記　感謝我的家人，緬懷世界大師

2020 年，我們過了一個不一樣的春節，幾十年的人生中，第一次沒有回家鄉過春節。

這場突如其來的疫情，替繁華的城市按下了暫停鍵。而這本書的第一次整理，源自於2019年的春節，因為工作的忙碌，一直沒有寫完。感謝我的家人在今年春節給了我無比自由的空間和時間，感謝我的助理 Amy 給了我無盡的幫助。

2020 年 1 月 23 日克萊頓．克里斯坦森（Clayton Christensen）先生去世，我和創新的緣分就是最早在商業評論讀了他的一篇文章，讀完後，欣喜中參雜著懵懂。

欣喜的是我似乎找到了「創新」的突破口，懵懂的是我似乎看到了許多傳統企業的身影，但又不完全對應。於是我開始閱讀克萊頓．克里斯坦森先生的所有著作以及創新的書籍。開始去研究本土的鋼鐵企業、汽車產業、網際網路走勢……

我遇到的第一個難題就是如何詮釋「創新」這個概念，曾經還專門寫了一篇文章解釋「創新」與「創新思維」、「創新管理」與「管理創新」，被收錄在《創新型組織》一書中。

我遇到的第二個難題就是如何走進「企業」展開研究，很多企業不願意讓你做測試對象，也不願意把自己的真實資料提供出來，為此大費周折，跑大學、進工廠，拿到一份資料猶如發現了新大陸。

## 後記　感謝我的家人，緬懷世界大師

幾年下來，邊思考，邊實踐，邊總結，邊授課，只要有任何靈感，我都寫進隨身的便利貼。這就是為什麼很多人見到我之後都問我為什麼穿個多口袋外套，因為裝便條紙和筆方便，可以隨時記錄我發現的任何東西。而這個習慣就源自於 2020 年 3 月 2 日離世的傑克．威爾許（Jack Welch）先生，他的「紙條管理」和「深潛」是我深入骨髓的個人習慣。家裡的牆上貼著，隨身的裝著，為此我的另一半還在社交平臺發文，罵我「神經病」。

因為「紙條」，成了不懂美的人。有朋友說：你真好，走遍大江南北。我只有回答：走過很多，玩過卻沒有！優美的風景，望塵莫及。醉心美景，爽口美食，而腦子裡的卻是「今天記了點什麼，晚上趕緊整理一下！」

謹此，我希望拿到這本書的人，不是讀懂一本書，而是能去實踐它，看懂了不等於會做了，會做了不等於做好了，做好了不等於沒有再需要改善了，願我們所有的人都能夠在創新的路上越走越好，願所有的企業家、領導者都能尋找到你的「藍海策略」。

薛旭亮

2020 年春節

# 名詞解釋

## （1）九伴 7 步共創®

這是一個透過共創學習進行落地的工作坊，把私人董事會的模式帶入到企業中，讓我們向正在生成的未來學習！

作者註冊的在培訓中協助企業落地採用的工作坊模式，針對企業策略、營運、執行三個層面的不同需求，分別設立五種主題，三類工作坊，例如：創新策略工作坊、創新營運工作坊、創新執行工作坊。

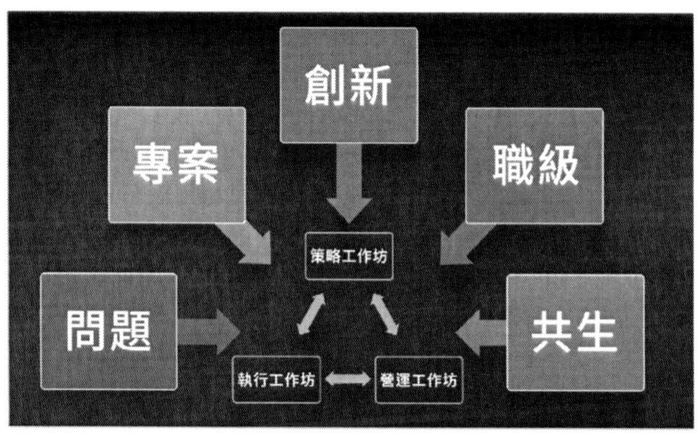


九伴 7 步共創®策略工作坊是在網際網路時代幫助企業家和企業改變的微創手術，用工作坊的形式協助企業家和高階主管如何制定組織策略，能夠幫助他們整理問題現狀，尋找解決方案，實現策略協同，甚至改變原本頑固的基因，升級組織能力，幫助企業家與高階主管們找到商業模式和策略方向。

九伴 7 步共創®經營工作坊是在找到商業模式和策略方向後，實現在清晰的商業模式下確定策略體系（策略目標層層解碼），並盤點出策略執行可能遭遇的問題點，確定能夠突破問題點的關鍵策略。所以九伴 7 步共創®經營工作坊要完成的是從商業理念（商業模式和策略方向）到行動的關鍵一步，有了這一步，才能讓企業裡面所有的人行動一致。

九伴 7 步共創®執行工作坊要實現的是從關鍵策略向具體行動的轉化，是要把具體計畫做出來，一定要落地到下一步要做什麼，並且還要確保計畫最大限度的得到落地。換個角度說是在解決企業最大的執行阻力，去解決各種問題。

**（2）U 型模型**

作者在九伴 7 步共創®課程中使用的分析工具。

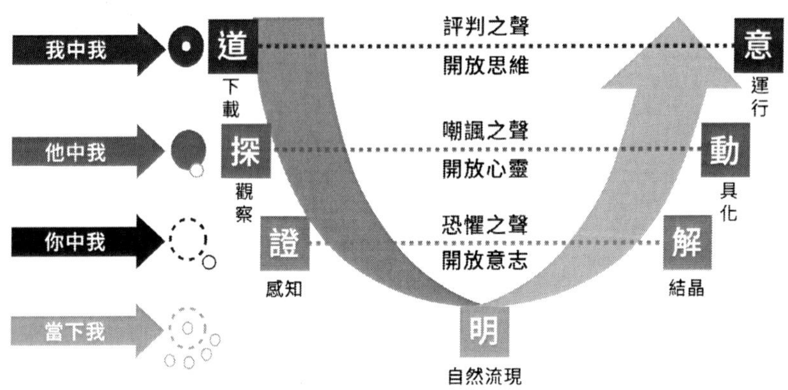

# 參考文獻

01. [ 日 ] 日比野省三 / 桶本菱香著，張哲譯：《思維定式的「病」》，中國人民大學出版社 2012 年版。

02. [ 德 ] 格爾德 · 吉仁澤（Gerd Gigerenzer）著，余莉譯：《直覺》（*Gut Feelings*），北京聯合出版社。

03. [ 美 ] 莫琳 · 希凱（Maureen Chiquet）著，孔銳才譯：《深度思考 —— 不斷逼近問題的本質》（*Beyond the Label*），江蘇鳳凰文藝出版社 2018 年版。

04. [ 日 ] 平井孝志著，張玉虹譯：《麻省理工深度思考法》，四川人民出版社 2018 年版。

05. [ 美 ] 奧圖 · 夏默著，邱昭良、王慶娟、陳秋佳譯：《U 型理論 —— 感知正在生成的未來》（*Theory U*），浙江人民出版社 2013 年版。

06. [ 美 ] 奧圖 · 夏默，凱特琳 · 考費爾（Katrin Kaufer）著，陳秋佳譯：《U 型變革 —— 從自我到生態的系統革命》（*Leading from the Emerging Future*），浙江人民出版社 2014 年版。

07. [ 美 ] 丹尼爾 · 康納曼（Daniel Kahneman）著，胡曉姣、李愛民、何夢瑩譯：《思考，快與慢》（*Thinking, Fast and Slow*），中信出版社 2012 年版。

08. [ 美 ] 彼得 · 聖吉（Peter Senge）著，張成林譯：《第五項修煉 —— 學習型組織的藝術與實踐》（*The Fifth Discipline*），中信出版社 2009 年版。

09. [ 英 ] 比爾 · 盧卡斯（Bill Lucas）著，劉暢譯：《聰明人是如何思考的》（*Boost Your Mind Power Week by Week*），北京時代華文書局 2015 年版。

10. [ 日 ] 崎島毅著，張雯譯：《邏輯思維》，北京時代華文書局。

11. [ 美 ] 小約瑟夫 · 巴達拉克（Joseph L. Badaracco, Jr.）著，唐偉、張鑫譯：《灰度決策》（*Managing in the Gray*），機械工業出版社 2017 年版。

電子書購買

爽讀 APP


國家圖書館出版品預行編目資料

思考型組織，領導者的六大思考能力：經驗依賴 × 認知局限 × 一葉障目 × 資訊悲劇 × 變化恐懼 × 懷疑猜想，打破領導者的慣性思維病 / 薛旭亮 著 . -- 第一版 . -- 臺北市：崧燁文化事業有限公司 , 2024.01

面；　公分

POD 版

ISBN 978-626-357-913-2( 平裝 )

1.CST: 領導者 2.CST: 思考 3.CST: 思維方法 4.CST: 職場成功法

494.2　　112021773


# 思考型組織，領導者的六大思考能力：經驗依賴 × 認知局限 × 一葉障目 × 資訊悲劇 × 變化恐懼 × 懷疑猜想，打破領導者的慣性思維病

臉書


作　　者：薛旭亮

發 行 人：黃振庭

出 版 者：崧燁文化事業有限公司

發 行 者：崧燁文化事業有限公司

E-mail：sonbookservice@gmail.com

粉 絲 頁：https://www.facebook.com/sonbookss/

網　　址：https://sonbook.net/

地　　址：台北市中正區重慶南路一段六十一號八樓 815 室

Rm. 815, 8F., No.61, Sec. 1, Chongqing S. Rd., Zhongzheng Dist., Taipei City 100, Taiwan

電　　話：(02) 2370-3310　　　傳　　真：(02) 2388-1990

印　　刷：京峯數位服務有限公司

律師顧問：廣華律師事務所 張珮琦律師





定　　價：375 元

發行日期：2024 年 01 月第一版

◎本書以 POD 印製